ひずみ波と調波分析

森沢　一栄　著

「d-book」シリーズ

http：//euclid.d-book.co.jp/

電気書院

目　次

1　実際の波形はどうなのだろうか　　1

2　ひずんだ波形を表現するには　　4

3　対称ひずみ波と非対称ひずみ波　　8

4　ひずみ波の電圧・電流の計算　　10

5　ひずみ波の実効値　　13

6　ひずみ波での電力に対する考え方
　　6・1　ひずみ波電力の簡略化した考え方　……… 16
　　6・2　数式による検討　……… 18
　　6・3　直流回路にも無効電力がある　……… 20
　　6・4　ひずみ波交流の皮相電力　……… 20

7　ひずみ波交流の力率と移相率
　　7・1　力率と移相率　……… 22
　　7・2　力率および移相率の測定　……… 22

8　等価正弦波　　24

9　半波整流回路の電力　　25
　　練習問題　……… 31
　　練習問題の解答　……… 33

10 フーリエ級数およびひずみ波

- 10・1 フーリエ級数 ……………………………………………… 36
- 10・2 高調波の大きさ ……………………………………………… 37
- 10・3 ひずみ波の実効値 ……………………………………………… 37
- 10・4 ひずみ波の電力 ……………………………………………… 39
- 10・5 波形率と波高率 ……………………………………………… 41
- 10・6 ひずみ率と脈動率 ……………………………………………… 43

11 高調波の位相差と波形

- 11・1 各調波の位相差 ……………………………………………… 46
- 11・2 三相発電機と第$3n$調波起電力 ……………………………………………… 47
- 11・3 変圧器の結線と第3調波 ……………………………………………… 48
- 第10.11章の問題の答 ……………………………………………… 50

12 調波分析とフーリエの係数

- 12・1 フーリエの係数 ……………………………………………… 55
- 12・2 フーリエの係数を求める実際的方法 ……………………………………………… 57
  - (1) 原点の選び方 ……………………………………………… 57
  - (2) 対称性 の利用 ……………………………………………… 57

13 特別な波形の調波分析の例

- 13・1 方 形 波 ……………………………………………… 60
- 13・2 台 形 波 ……………………………………………… 60
- 13・3 対称二等辺三角波 ……………………………………………… 61
- 13・4 単相半波整流波 ……………………………………………… 62
- 13・5 単相全波整流波 ……………………………………………… 63

14 実測波形からの調波分析   64

1 実際の波形はどうなのだろうか

　交流理論で取扱う起電力や電流の波形は，正弦波形をなすものが基準である．このことに関連して交番起電力の発生が，平等磁界の中で導体が回転することを出発点としたことを思い出していただきたい．

　もし平等磁界でなかったならば（平等磁界を作ることは非常にむずかしい．さらに実際の交流発電機は空間の磁束分布を正弦波状にするわけであるがこの実現も非常にむずかしいものである），発生する起電力の波形は，正弦波形でなくなることは想像に難くないであろう．したがって，そんな波形の起電力に起因する電流の波形も正弦波形でなくなることもすぐ連想されよう．

平流　　また，いままでは直流といえば一般に図1・1(a)のような完全に平滑な波形（**平流**，俗にいう直流）を考えがちであったが，実際には図(b)に一例を示すように，整流器*
全波整流　により全波整流した図(c)のように脈動する波形の直流が使われることも多い．この図(c)の波形を見ていると0ラインが上がって，正弦波ではないが，ある波が脈うつ

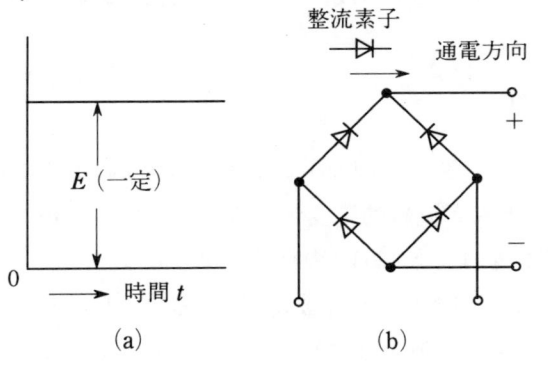
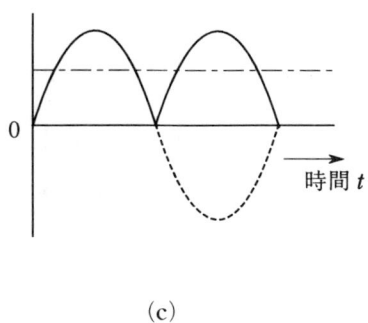

図 1・1

ている感じにならないであろうか．つまり，純平滑な直流分（すなわち平流）と脈うつある波形が合成されているという感じである．このことは後に示すように非常に重要な概念なのである．

　つぎに考えていただかねばならないことは，いままで考えてきた，抵抗，リアク
回路定数　タンス，インピーダンスというもの（回路定数），いいかえれば負荷である．これらは印加される電圧あるいは通ずる電流が変わっても変わらないもの，一定不変のも

---

*　整流器とは定められた方向にだけ電流を通ずる素子と考えておいていただきたい．通電方向の抵抗は0，逆方向では抵抗が無限大と考えて回路をたどっていただければ図(c)は理解されよう．また整流とは，電圧・電流の方向を反転して負荷に供給することと理解されたい．整流の方法としては図(b)の回路のほかにいろいろある．図(c)の波形で間に合う場合はよいが，さらに波形を平滑にするフィルタが使われることも念頭に置いておこう．

のとして扱ってきたであろう．

　ところで，もしも，これらの回路定数が，印加電圧や電流によって変わるものであるとすると，印加電圧が正弦波形であっても，電流はもはや正弦波形でなくなることは明らかである．

変圧器の磁化電流

　この見本ともいうべきものが，飽和鉄心に巻いたコイルに通ずる電流（無負荷の変圧器の磁化電流と考えていただいてよい）の波形である．以下この事実を単純化して説明しよう．

　まず図1·2(a)のように鉄心に巻かれた巻数nのコイルに正弦波電圧eを加えた場合に通ずる電流iの波形を考えてみよう．鉄心内には磁束ϕを生じ，コイルに反抗起

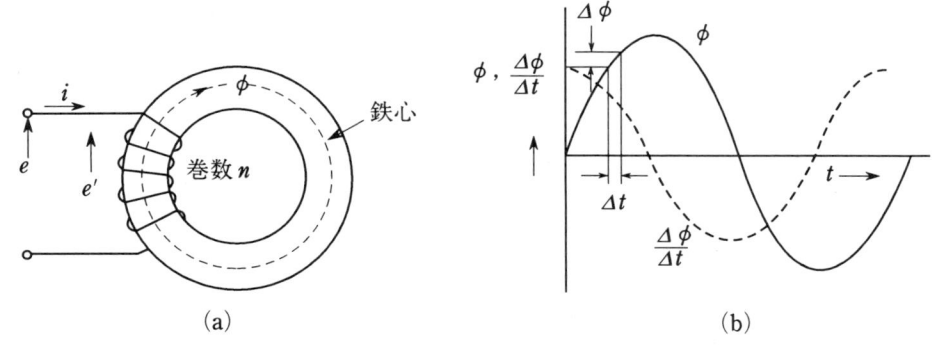

図 1·2

電力e'が発生し，時間Δt〔s〕に$\Delta\phi$〔Wb〕の磁束の変化があれば，すでに知っているように*

$$e = e' = n\frac{\Delta\phi}{\Delta t} \text{〔V〕}$$

　さて磁束ϕの変化が時間tに関して図(b)で実線で示すϕのように正弦波であるとしても，Δtの期間は，ほとんど直線的に変化するとみなすことができるほどにとってあるので，$\Delta\phi/\Delta t$の変化を描くと図(b)の点線のようになろう．この点線の各瞬時値に巻数nを乗じたものが，印加した正弦波電圧eあるいは反抗起電力e'に等しいのであるから，$\Delta\phi/\Delta t$の変化も正弦波をなすということができる．

　すなわち磁束ϕが正弦波で変化すればeあるいはe'も正弦波であり，もともとコイルに印加する電圧が正弦波であれば，これによって鉄心内に発生する磁束は，理想的の場合，やはり正弦波であることがわかろう．

鉄心の磁化曲線

　そこで，磁束ϕと電流iとの関係であるが，図1·3の①象限に示すように，鉄心の磁化曲線は単純な飽和特性であると仮定しよう．正弦波変化磁束ϕは②象限に示してある．その各瞬時における電流iは，点線のようにたどって，それぞれに該当する値をたどると④象限に示すような波形が得られる．この波形が，求める磁化電流iの波形である．ごらんのように正弦波ではなく，いわゆる，ひずんでいる波形の電流であることが了解されるであろう．

＊　この場合の反抗起電力は磁束が変化したときにのみ発生し，その変化がはなはだしいほど（$\Delta\phi/\Delta t$の値が大きいほど）大きな起電力で，その方向は，磁束の変化を妨げようとする方向である．その向きはeが図(a)の矢印の向きのときには，e'はやはり図(a)の矢印の向きで，電位差の値とその向きを考えると理想的には同じである．

1 実際の波形はどうなのだろうか

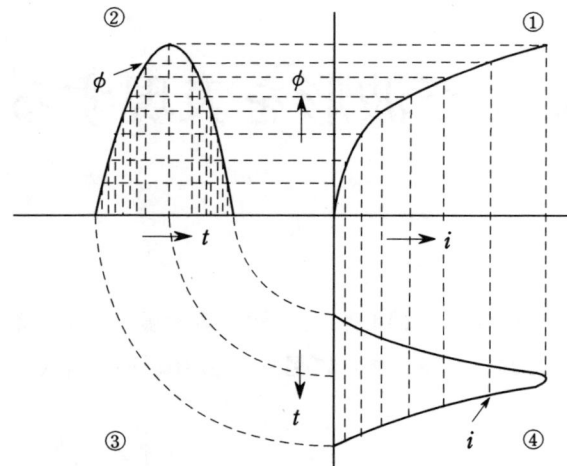

図 1・3

2 ひずんだ波形を表現するには

前章の全波整流波形，図1・1(c)で平流分と脈うつある波形が合成されている感じであるといっておいたが，さらに図2・1(a)(b)(c)を見ていただこう．この図は平流

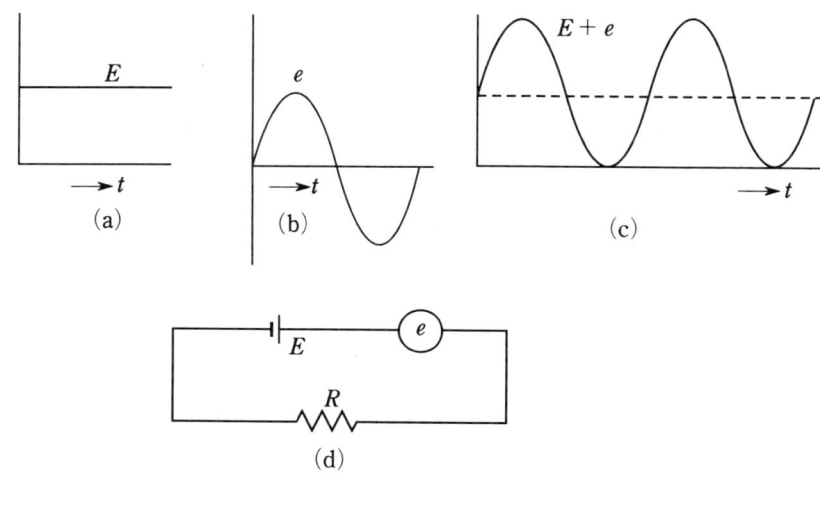

図2・1

である直流分Eと正弦波eをすなおに合成した図形を示している．図1・1(c)と見比べてみれば，かなり近づいた波形になっていることがうかがえよう．このように波形を合成したということは，回路内に，図(d)のように平流分Eと正弦波交流eがあり，これらがすなおに重ね合わせられて合成されたことを示す．

波形の合成　つぎに図1・3に示した電流iに似た波形がどのような波形の合成で近似的に示されるかを表したのが図2・2である．図(a)が基本になる正弦波e_1，これに図(b)のe_3をすなおに合成した*のが図(c)である．すると図1・3の④象限の電流iの波形によく似た波形になるではないか．このことを回路的に表したのが，起電力e_1とe_3を直列としたものに不変抵抗Rが直列となった回路図(d)である．この例では起電力e_1とe_3の例で示したが，電流波形の合成と考えていただいても同様のことである．

さて図2・2をもう少し詳しく調べていただきたい．それは，e_3がe_1の3倍の周期になっていることである．さらにe_3のe_1に対する位相が図(b)と異なれば，さらに複雑な波形になるであろうことは想像されよう．位相もさることながら，基本になる波形に対して，3倍のみならず2倍，4倍あるいは5倍，6倍……というような周期で

---

* これらの事実は，線路定数が電流や電圧によって変化しないという条件が入っている．このとき**線形回路**とか**線形条件**という．また，多数の起電力が個々に単独にあるものとして，それぞれの回路の電流あるいは電圧を別々に計算して，これをすなおに加え合わせればよいことになっている．これは，重ねの理が成り立っているわけである．

適当な大きさの正弦波を考えて，それらのすなおな合成を考えると，もとのひずんだ波形が再現されることが考えられよう．

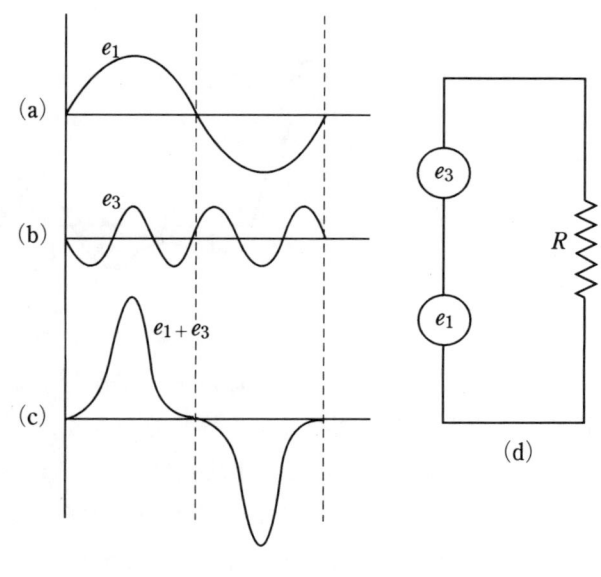

図 2·2

ひずみ波　すなわち周波数の違う正弦波を合成したもの*はひずみ波となることを表しており，このことを逆に考えれば，周期的な変化を繰返すところのひずみ波は，これを分解すると最大値，周波数の違った多くの正弦波に分けられるのではないかと推察されないだろうか．

実際に前記した"表しており"とか"推察"という表現は正しく，同じ形の波を繰返す波状曲線で，その波形にかかわらず，基本になる周波数とその整数倍の多くの正弦波の集合したものとして，一般にその瞬時値　$y=f(t)$ *[1] はつぎのように表すことができる．*[2]

瞬時値

$$y = f(t) = A_0 + A_{1m}\sin(\omega t + \varphi_1) + A_{2m}\sin(2\omega t + \varphi_2)$$
$$+ A_{3m}\sin(3\omega t + \varphi_3) + A_{4m}\sin(4\omega t + \varphi_4)$$
$$+ A_{5m}\sin(5\omega t + \varphi_5) + \cdots\cdots \text{ *[3]}$$
$$= A_0 + \sum_{n=1}^{\infty} A_{nm}\sin(n\omega t + \varphi_n) \text{ *[4]}$$

つぎに上式について少し説明を加えておこう．まずA_0であるが，これはtに無関係すなわち直流分を示す．ひずみ波が図2·3のように，1周期の正の部分の面積a_1と

---

* 最大値，位相が違っても，周波数の同じ正弦波を合成したものは，やはり正弦波であることに注意されたい．
 (1) $f(t)$は時間tの関数（function）を意味する．したがって$y=f(t)$はtが変化すれば，それにつれてyも変化することを表すものである．
 (2) フーリエ級数（Fourier series）あるいはフーリエ関数（Fourier function）といっている．
 (3) $+\cdots\cdots$は無限に加えてゆくことを表している．
 (4) Σ（sigma, シグマ）は多くの項を加えることを表す記号で第2項は$A_{nm}\sin(n\omega t + \varphi_n)$の$n$を1, 2, 3……としたものを$\infty$まで加えることを意味する．

2 ひずんだ波形を表現するには

負の部分の面積a_2とが等しくない場合には，A_0は必ず$(a_1-a_2)/T$の値をもつものであって，図のように波形の上部の面積と，下部の面積が等しくなるように引いた点線の時間軸からのスケールがその値A_0を与えるものである*[5]．

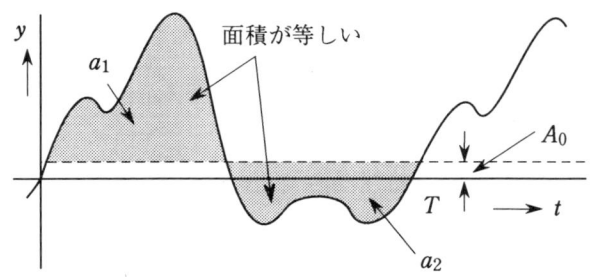

図2・3

したがって，ひずみ波が直流成分（平流分）をふくまない場合には，図2・4の時間軸の上部と下部の面積は全く等しくなり$A_0=0$となる．さらにいえば，普通に交流といえば，正波と負波との平均値は0であるから*[6]，A_0もまた0である．

整流波形
瞬時電力波形
しかし，図1・1(c)に示したような整流波形，あるいは単相交流の瞬時電力波形などでは，波形が時間軸より上方にかたより*[7]，正波平均値は負波平均値より大で，A_0は0ではないわけである．

基本波
つぎに第2項の$A_{1m}\sin(\omega t+\varphi_1)$は，いま考えている波形の基本になる周波数を定めるもので，これを**基本波**（fundamental wave）といい，A_{1m}はその最大値である．
高調波
第3項以下は基本波からのひずんだ程度を示すもので，基本波に対し**高調波**（harmonics）と，ひっくるめていい，その周波数が基本波の何倍になっているかによって，
第n調波
$n=2$ならば**第2調波**，$n=3$ならば**第3調波**，一般に**第n調波**，nが偶数の
偶数調波
とき**偶数調波**，nが奇数ならば**奇数調波**という．
奇数調波
さて位相角φ_1，φ_2，φ_3などの関係であるが，基本波，第2調波，第3調波などの角
位相角
度単位に対する角度単位で表される位相角であることに注意されたい．もし基本波に対する角で表すとすればつぎの表現式となる．

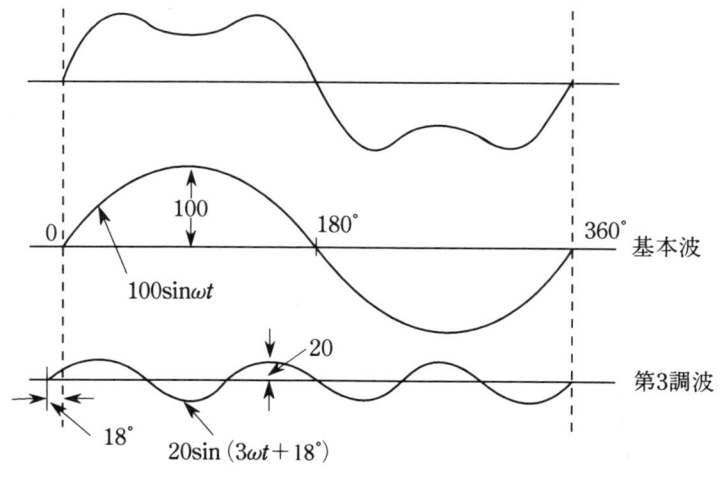

図2・4

---

* (5) この値は，波形の1周期の平均であって，$y=f(t)$が与えられると$\frac{1}{T}\int_0^t f(t)dt$の積分で計算されるものである．
* (6) 対称ひずみ波といい，時間軸に対し対称である．
* (7) 非対称ひずみ波といい，つねに直流分A_0をふくむ．

$$y = f(t) = A_0 + A_{1m}\sin(\omega t + \beta_1) + A_{2m}\sin 2(\omega t + \beta_2)$$
$$+ A_{3m}\sin 3(\omega t + \beta_3) + A_{4m}\sin 4(\omega t + \beta_4) + \cdots\cdots$$

　この位相角の相異が最大値 A_{nm} の違いとともに，異なったひずみ波形を描き出すことは，いままでの説明から明らかなことと思うが，図2・4に一例を示した．またこの図を詳細に見ることによって，第3調波の入り方によって，ひずみ波はどのような傾向をとるかを，図2・2と比較しながら検討していただきたい．さらに位相角の表し方に慣れていただきたいと思う．

3 対称ひずみ波と非対称ひずみ波

<dl>
<dt>合成ひずみ波</dt>
<dt>対称ひずみ波</dt>
</dl>

　ここでもう一度，図2・2，図2・4を見直してみよう．これらのひずみ波はいずれも基本の正弦波と，これに対して3倍の周波数の正弦波を合成したもので表すことのできた波形である．そうして注意していただきたいことは，これらの合成ひずみ波の正の半波を1/2周期ずらせると，ちょうど負の半波と，時間軸に対して対称になっていることがわかろう．このような波を対称ひずみ波というのである．

　つぎに図3・1のような波形を考えてみよう．これは，基本波図(a)と第2調波図(b)を合成すると，図(c)の合成ひずみ波のようになることを示したものである．図(c)で点線で示した波形は，正の半波を1/2周期ずらせて，なお反転させたもので，時間軸に対して調べてみると正半波に対し点線の波形は対称であるが実線の波形は対称になっていない．このような図(c)の実線で示したような波形の波が非対称ひずみ波である．

非対称ひずみ波

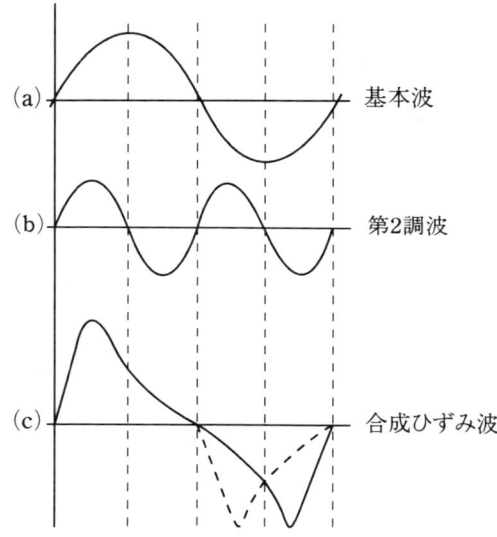

図3・1

　つぎに何が原因で対称ひずみ波になり，非対称ひずみ波になるのかを考えてみよう．まず，平流分A_0が存在すれば，時間軸に対して非対称，第2調波の存在でも同様であった．平流分というのは周波数0で，第2調波はもちろん2，すると，0, 2, 4, 6, ……というように，いわゆる偶数調波をふくむと非対称波になるのではないかということが予想される．というよりは，紙と鉛筆と労力をいとわず，波形を合成して描いてみると，はっきりすることであろう．

非対称波

　また波形が対称となる例としては，基本波，すなわち第1調波と，第3調波を合成する図形をあげてきたが，これをさらに一歩進めると，1, 3, つぎは5, 7……というように，すなわち奇数調波のみの合成はつねに対称波ではないのかと予測されはしないだろうか．

対称波

3 対称ひずみ波と非対称ひずみ波

さて，ここで前記の概念を数式的に検討してみよう．いま，$A_{1m}\sin\omega t$ なる基本波に $A_{(2n+1)m}\sin\{(2n+1)\omega t+\varphi\}$ という奇数次の高調波が加わった波を考えると，

$$y(t)=A_{1m}\sin\omega t+A_{(2n+1)m}\sin\{(2n+1)\omega t+\varphi\}$$

において，時間 t から1/2周期経過した時間 t'

$$t'=t+\frac{\pi}{\omega} \quad \text{または} \quad \omega t'=\omega t+\pi$$

なる瞬時の $y(t)$ の値である $y(t')$ を求めると，

$$\begin{aligned}y(t')&=A_{1m}\sin\omega t'+A_{(2n+1)m}\sin\{(2n+1)\omega t'+\varphi\}\\&=A_{1m}\sin(\omega t+\pi)+A_{(2n+1)m}\sin\{(2n+1)(\omega t+\pi)+\varphi\}\\&=-[A_{1m}\sin\omega t+A_{(2n+1)m}\sin\{(2n+1)\omega t+\varphi\}]\\&=-y(t)\end{aligned}$$

となり，ある瞬時から1/2周期ずれた瞬時の値は，＋，－が異なるのみで絶対値は等しい，つまり，正半波と負半波とはまったく等しい波形になる．

けれども，偶数調波の加わった

$$y(t)=A_{1m}\sin\omega t+A_{2nm}\sin(2n\omega t+\varphi)$$

というような波で，瞬時 t より1/2周期後の値は

$$\begin{aligned}y(t')&=A_{1m}\sin(\omega t+\pi)+A_{2nm}\sin\{2n(\omega t+\pi)+\varphi\}\\&=-A_{1m}\sin\omega t+A_{2nm}\sin(2n\omega t+\varphi)\\&=-y(t)+2A_{2nm}\sin(2n\omega t+\varphi)\end{aligned}$$

となり，1/2周期前の瞬時値とその絶対値は相異して，正半波と負半波とが同じ波形ではない．

対称ひずみ波 以上で，正半波と負半波とが等しい波形，つまり対称ひずみ波では基本波および奇数調波のみが存在し，正半波と負半波とが等しくない波形には，必ず（平流分～俗にいう直流分～をふくめて）偶数調波が存在することがわかろう．

非対称ひずみ波 このような理由から以下の記述においては，算式を簡単にするために対称ひずみ波は基本波と第3調波で代表させ，非対称ひずみ波は，基本波および平流分（いわゆる直流分）と第2調波のうちのいずれかで代表させて考えてゆくことを了解されたい．

4 ひずみ波の電圧・電流の計算

ここで，あるインピーダンスに次式で示されるひずみ波電圧 e が加わる場合の電流 i を求めることを考えよう．

$$e = \underset{(基本波)}{e_1} + \underset{(第3調波)}{e_3}$$

ここに，e_1, e_3 は次式で示されるものとする．

$$e_1 = \sqrt{2}\,E_1 \sin(\omega t + \varphi_1), \quad ただし\quad E_1；基本波実効値$$

$$e_3 = \sqrt{2}\,E_3 \sin(3\omega t + \varphi_3), \quad ただし\quad E_3；第3調波実効値$$

さて，この回路においては，結論を先にいえば
基本波 e_1 を供給したときの電流を i_1
第3調波 e_3 を供給したときの電流を i_3
として，これらを別々に求め，i_1, i_3, …… などすべて合成したものに等しい電流が通ずるものである．

ただし，すでにお気付きであろうが，つぎの点に注意する必要がある．その第一は，金属導体の抵抗は周波数がはなはだ高くならない限りは周波数に無関係であって*，各調波に対し同一の抵抗と考えてよいこと．第二は，リアクタンスはインダクタンス L，静電容量 C が一定であっても，周波数に対して正比例，あるいは逆比例して，各調波に対して異なるリアクタンスを示すことである．

このことに注意しながら，回路としては図 4・1 (a) に示す抵抗 R〔Ω〕，インダクタンス L〔H〕の誘導性回路に通ずる電流 i の計算式を求めよう．

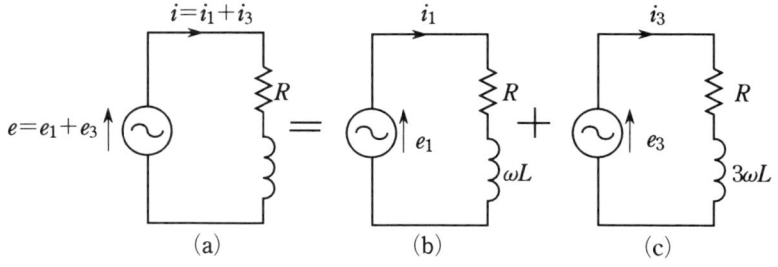

図 4・1　ひずみ波の電力

インピーダンス回路

この回路は，基本波に対しては図 (b) のように抵抗 R〔Ω〕，リアクタンス ωL〔Ω〕のインピーダンス回路であるから，

---

* 高周波では表皮効果や渦電流損などを考える必要がある．

4 ひずみ波の電圧・電流の計算

$$\left.\begin{array}{ll}\text{インピーダンス} & Z_1=\sqrt{R^2+(\omega L)^2} \\ \text{この条件での力率} & \cos\theta_1=R/Z_1 \\ \text{基本波電流} & I_1=E_1/Z_1 \text{（実効値）}\\ \text{基本波瞬時値} & i_1=\sqrt{2}\,I_1\sin(\omega t+\varphi_1-\theta_1) \\ \text{基本波のみによる電力} & P_1=E_1I_1\cos\theta_1 \end{array}\right\}$$

また，第3調波に対しては図(c)のように，抵抗R〔Ω〕リアクタンスは3ωに対するリアクタンスで$3\omega L$〔Ω〕のインピーダンス回路となるから，

$$\left.\begin{array}{ll}\text{インピーダンス} & Z_3=\sqrt{R^2+(3\omega L)^2} \\ \text{この条件での力率} & \cos\theta_3=R/Z_3 \\ \text{第3調波電流} & I_3=E_3/Z_3 \text{（実効値）}\\ \text{第3調波瞬時値} & i_3=\sqrt{2}\,I_3\sin(3\omega t+\varphi_3-\theta_3) \\ \text{第3調波のみによる電力} & P_3=E_3I_3\cos\theta_3 \end{array}\right\}$$

このように，各調波に対してインピーダンスの値が，それぞれ相異することに注意するとともに，相差角θ_1，θ_3，……などもつぎのようになることに注目しよう．

$$\left.\begin{array}{l}\theta_1=\tan^{-1}\dfrac{\omega L}{R} \\ \theta_3=\tan^{-1}\dfrac{3\omega L}{R} \\ \cdots\cdots \end{array}\right\}$$

ひずみ波電流　したがって，与えられた回路に通ずるひずみ波電流iは，i_1とi_3との合成で，つぎのようになる．

$$i=i_1+i_3=\frac{\sqrt{2}\,E_1}{Z_1}\sin(\omega t+\varphi_1-\theta_1)+\frac{\sqrt{2}\,E_3}{Z_3}\sin(3\omega t+\varphi_3-\theta_3)$$

回路の消費電力　また，回路の消費電力Pは，P_1とP_3の和でつぎのようになろう．

$$P=P_1+P_3=\underbrace{E_1I_1\cos\theta_1}_{\text{基本波電力}}+\underbrace{E_3I_3\cos\theta_3}_{\text{第3調波電力}}$$

以上の理由から，一定の抵抗R，インダクタンスL，静電容量Cが直列に存在する回路に

$$i=I_{1m}\sin(\omega t+\varphi_1)+I_{3m}\sin(3\omega t+\varphi_3)+I_{5m}\sin(5\omega t+\varphi_5)+\cdots\cdots$$

なる電流を通ずるに要する印加電圧あるいはこの回路での反抗起電力は

$$e=I_{1m}Z_1\sin(\omega t+\varphi_1+\theta_1)+I_{3m}\sin(3\omega t+\varphi_3+\theta_3)\\+I_{5m}\sin(5\omega t+\varphi_5+\theta_5)+\cdots\cdots$$

と表示されることもわかっていただけよう．

〔**例 1**〕自己インダクタンスは電流ひずみを少なくし，コンデンサは電流ひずみを大きくするという．このようにいわれるわけはなぜか調べてみよ．

〔**解説**〕電源電圧eにひずみがあるものとして自己インダクタンスL（抵抗は0と仮定）に

$$e = e_1 + e_3 = \sqrt{2}\,E_1 \sin(\omega t + \varphi_1) + \sqrt{2}\,E_3 \sin(3\omega t + \varphi_3) + \cdots\cdots$$

が印加されれば，通ずる電流 i_L はつぎのようになる．

$$i_L = \frac{\sqrt{2}\,E_1}{\omega L}\sin\left(\omega t + \varphi_1 - \frac{\pi}{2}\right) + \frac{\sqrt{2}\,E_3}{3\omega L}\sin\left(3\omega t + \varphi_3 - \frac{\pi}{2}\right) + \cdots\cdots$$

高調波電流　ここで，高調波電流（ここでは第3，第5など，一般に第 n 調波電流）と基本波電流（$n=1$）との比を調べると

$$\frac{\sqrt{2}\,E_3/3\omega L}{\sqrt{2}\,E_1/\omega L} \quad \text{一般に} \quad \frac{\sqrt{2}\,E_n/n\omega L}{\sqrt{2}\,E_1/\omega L} = \frac{1}{n}\cdot\frac{E_n}{E_1}$$

すなわち，電流波形においては，電圧における第 n 調波が基本波に対する比の $1/n$ となり，したがって，電流ひずみの程度は電圧ひずみの程度よりも小さくなることがわかる．

つぎはコンデンサ C であるが，電源電圧は前と同じ条件として，通ずる電流 i_C を調べると，

$$i_C = \omega C \cdot \sqrt{2}\,E_1 \sin\left(\omega t + \varphi_1 + \frac{\pi}{2}\right) + 3\omega C \cdot \sqrt{2}\,E_3 \sin\left(3\omega t + \varphi_3 + \frac{\pi}{2}\right) + \cdots\cdots$$

前と同様に第 n 調波電流と基本波電流の比を調べると

$$\frac{n\omega C \cdot \sqrt{2}\,E_n}{\omega C \cdot \sqrt{2}\,E_1} = n\cdot\frac{E_n}{E_1}$$

つまり，電圧での第 n 調波が基本波に対する比の n 倍となって，電流波形は電圧波形よりもさらに，ひずみが大となるということができよう．

5　ひずみ波の実効値

ひずみ波の電力　　さて，ひずみ波（代表として基本波と第3調波をふくむひずみ波をとる）の電力については，前項でちょっとちらつかせておいたのであるが，次のようにおけることは明らかであろう．

$$P = P_1 + P_3 = I_1{}^2 R + I_3{}^2 R = (I_1{}^2 + I_3{}^2) R$$

したがって，$(I_1{}^2 + I_3{}^2)$ を I^2 で表わせば，

$$P = I^2 R \quad \text{ただし} \quad I^2 = I_1{}^2 + I_3{}^2$$

のように表現することができよう．

実効値　　さて，正確に電圧・電流の実効値，電力を指示するところの*1電圧計・電流計・電力計を結んだとして，頭の中で考えていただいて I，E の値および P の値を読んだとすると，その I および E の値はつぎのようになる．

$$I = \sqrt{I_1{}^2 + I_3{}^2}$$

$$E = \sqrt{E_1{}^2 + E_3{}^2}$$

これが与えられたひずみ波電流・電圧の実効値を示すことになるわけである．

〔数式による検討〕

実効値　　実効値というのは波形のいかんにかかわらず，瞬時値 i あるいは e の1サイクル間についての

$$\sqrt{i^2 \text{の平均}} \quad \sqrt{e^2 \text{の平均}}$$

を計算することによって求められるものであるから，ここでは一般にひずみ波を $y = f(t)$ すなわち*2

$$y = f(t) = A_0 + \sum_{n=1}^{\infty} A_{nm} \sin(n\omega t + \varphi_n)$$

とおいて調べてみることにしよう．

まず瞬時値 y の2乗を計算すると，

$$\begin{aligned}
y^2 = A_0{}^2 &+ \{A_{1m}{}^2 \sin^2(\omega t + \varphi_1) + A_{2m}{}^2 \sin^2(2\omega t + \varphi_2) \\
&+ A_{3m}{}^2 (3\omega t + \varphi_3) + \cdots\cdots\} \\
&+ \{2A_0 A_{1m} \sin(\omega t + \varphi_1) \\
&+ 2A_0 A_{2m} \sin(2\omega t + \varphi_2) + 2A_0 A_{3m} \sin(3\omega t + \varphi_3) + \cdots\cdots\} \\
&+ \{2A_{1m} A_{2m} \sin(\omega t + \varphi_1) \sin(2\omega t + \varphi_2) \\
&+ 2A_{1m} A_{3m} \sin(\omega t + \varphi_1) \sin(3\omega t + \varphi_3) \cdots\cdots \\
&+ 2A_{2m} A_{3m} \sin(2\omega t + \varphi_2) \sin(3\omega t + \varphi_3) + \cdots\cdots\}
\end{aligned}$$

---

*1　実をいうと，ひずみ波電力の測定は，正弦波電力の測定に比べてむずかしいものである．

*2　以下は一般のひずみ波として扱ってみる．

5 ひずみ波の実効値

つぎにy^2の平均であるが，前式右辺各項の平均を求めて，後でその和をとればよいわけである[*1]．ところで前式はA_0^2項と三つの｜｜で囲まれた同じ形式の項から成るから，これらの平均を順序にしたがって調べてみよう．

A_0^2の平均；A_0^2は時間tに無関係であるから，その平均はA_0^2である．

1番目の｜｜項の平均；この項の形は

$$\sum A_{nm}^2 \sin^2(n\omega t + \varphi_n) \quad (n = 1, 2, 3\cdots)$$

と書け，この式の各項については

$$A_{nm}^2 \sin^2(n\omega t + \varphi_n) = \frac{A_{nm}^2}{2} - \frac{A_{nm}^2}{2}\cos 2(n\omega t + \varphi_n)$$

となるであろう[*2]．

この式の右辺第1項は時間に対して無関係であるから，その平均は$A_{nm}^2/2$，第2項はごらんのように，正弦波$A_{nm}\sin 2(n\omega t + \varphi_n)/2$の位相を$\pi/2$だけ進めたもの[*3]で，やはり波の形は変わらず，1周期の平均は明らかに0である．

すなわち，第2項の平均は$A_{nm}^2/2$（$n = 1, 2, 3\cdots\cdots$）ということができる．

2番目の｜｜項の平均；この項を一般的に示すと，

$$\sum 2A_0 A_{nm}\sin(n\omega t - \varphi_n) \quad (n = 1, 2, 3\cdots\cdots)$$

で，これは明らかに正弦波であるから，その1周期の平均は0となる．

3番目の｜｜項の平均；この項を一般的に示すと，

$$\sum 2A_{pm}A_{qm}\sin(p\omega t + \varphi_p)\cdot\sin(q\omega t + \varphi_q) \quad (p \neq q \neq 0)$$

これはつぎの三角法の公式

$$2\sin A \cdot \sin B = \cos(A - B) + \cos(A + B)$$

を適用するとつぎのように書き換えられる．

$$A_{pm}A_{qm}\cos\{(p-q)\omega t + (\varphi_p - \varphi_q)\} - A_{pm}A_{qm}\cos\{(p+q)\omega t + (\varphi_p + \varphi_q)\}$$

さてこの式の各項の1周期の平均は，前述してきたことから明らかに0である．

以上の結果をもとにしてy^2の平均を求めると，

$$y^2\text{の平均} = A_0^2 + \frac{A_{1m}^2}{2} + \frac{A_{2m}^2}{2} + \frac{A_{3m}^2}{2} + \cdots\cdots$$

となり，一般に$A_{nm}^2/2 = (A_{nm}/\sqrt{2})^2$，（$n = 1, 2, 3\cdots\cdots$）と書け，$A_{nm}$は各調波の最大値，$A_{nm}/\sqrt{2}$は各調波の実効値であるから，各調波の実効値を$A_n$（$n = 1, 2, 3\cdots\cdots$）すなわち$A_1, A_2, A_3\cdots\cdots$で示せば

$$y^2\text{の平均} = A_0^2 + A_1^2 + A_2^2 + A_3^2 + \cdots\cdots$$

[*1] これは，$(a + b + c + \cdots\cdots)$の平均 $=$（aの平均）$+$（bの平均）$+$（cの平均）$+\cdots\cdots$となる事実による．

[*2] 三角法の次の公式を応用する．

$$\cos 2A = 1 - 2\sin^2 A \quad \therefore \quad \sin^2 A = \frac{1}{2} - \frac{1}{2}\cos 2A$$

[*3] $\dfrac{A_{nm}}{2}\sin\left\{2(n\omega t + \varphi_n) + \dfrac{\pi}{2}\right\} = \dfrac{A_{nm}}{2}\cos 2(n\omega t + \varphi_n)$

5 ひずみ波の実効値

ひずみ波 y の実効値

となり，ひずみ波 y の実効値 Y としては，

$$Y = \sqrt{y^2 \text{の平均}} = \sqrt{A_0^2 + A_1^2 + A_2^2 + A_3^2 + \cdots\cdots}$$

が得られ，この項の初めに電力の関係から示した，ひずみ波の実効値の表示式が証明されたわけである．

ひずみ波 y の実効値

6 ひずみ波での電力に対する考え方

6・1 ひずみ波電力の簡略化した考え方

瞬時電力 　さて，これから，ある交流回路にひずみ波電圧 e が印加され，ひずみ波電流 i が通ずるときの瞬時電力を考えてゆこう．例によって初めは基本波 e_1, i_1 と第3調波 e_3, i_3 のみを考えてゆく．いま

$$e = e_1 + e_3$$
$$i = i_1 + i_3$$

とおけば，

瞬時電力　$p = e \cdot i = (e_1 + e_3) \cdot (i_1 + i_3) = (e_1 i_1 + e_3 i_3) + (e_1 i_3 + e_3 i_1)$

電力 　ところで，われわれが普通に電力といっているのは，この瞬時電力 p を基本波の1サイクル間で平均したもの*をいうのであるから，つぎのようになる．

電力　$P = (p\text{の平均}) = \{(e_1 i_1 + e_3 i_3)\text{の平均}\} + \{(e_1 i_3 + e_3 i_1)\text{の平均}\}$

この P の式の右辺 $\{\ \}$ の第1項は同じ周波数の電圧・電流間の瞬時電力の平均であるから，すでにご存知のように

$e_1 i_1$ の平均 $= E_1 I_1 \cos\theta_1 = P_1$

$e_3 i_3$ の平均 $= E_3 I_3 \cos\theta_3 = P_3$

したがって，つぎのように書けるわけである．

第1項の和 $= P_1 + P_3$

$\qquad\qquad = E_1 I_1 \cos\theta_1 + E_3 I_3 \cos\theta_3$

さて，問題の第2項目はどうかというと，$e_1 i_3$, $e_3 i_1$ はともに周波数のちがった電圧，電流を乗算したものである．そこで各瞬間瞬間の変化を見るために $e_1 i_3$, $e_3 i_1$ のグラフを描いて考えてみよう．しかし，インダクタンス L や静電容量 C をふくむ回路に対しグラフを描くのは複雑になり過ぎて，かってわかりにくくなるので純抵抗 R の無誘導回路として簡略化して考えることにする．すると e_1 と i_1, e_3 と i_3, はともに同相になって，電圧 e と電流 i の波形の間にずれができないことになる．

さて，図6・1(a)は，基本波の最大値を1，第3調波の最大値を0.5として描いたグラフで，点線はこれら両者の合成波である．つぎに図(b)は，基本波の値と，第3調波の値を各瞬時瞬時において乗算した値のグラフである．

このグラフを見ればわかるように，基本波の1/2サイクルの間に，正波が二つと負波が一つある．（$e_1 i_3$ の平均）は（$e_1 i_3$ 波形の平均高）に等しいわけであるが，この平均高は正波と負波の面積の差を1/2サイクルの横軸の長さの目盛り0（180°）で割

＊　いわゆる有効電力のこと．

6·1 ひずみ波電力の簡略化した考え方

った値に等しいことはご承知のとおりである．ところが，これらの正波二つの面積と負波の面積とはちょうど等しい値になっており，平均高，したがって（$e_1 i_3$の平均）は0になってしまうのである．グラフを見ただけでは納得がゆかないが，次の演算で納得がゆくであろう．

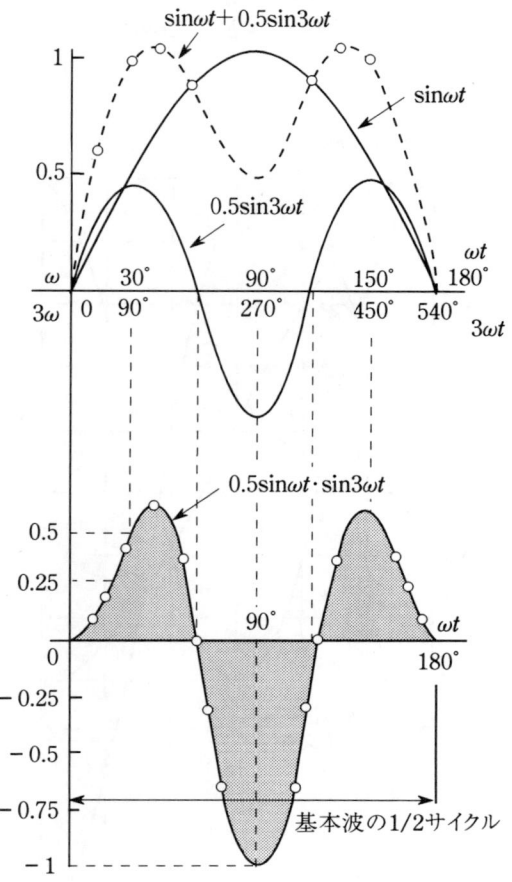

図6·1

$$e_1 \cdot i_3 = \sqrt{2} \times \sqrt{2} E_1 \cdot I_3 \cdot \sin\omega t \cdot \sin 3\omega t$$
$$= E_1 I_3 (\cos 2\omega t - \cos 4\omega t)^*$$

上式の（ ）内の値を考えてみると，$\cos 2\omega t$は基本波1サイクル中に2サイクルする波形であり，$\cos 4\omega t$は4サイクルする波形である．これらをグラフで示すと図6·2のようになる．そして$\cos 2\omega t$曲線から$\cos 4\omega t$曲線を引いて，$E_1 I_3$を乗じたものが$e_1 i_3$曲線になるわけである．

図6·2の曲線は$E_1 I_3 = 1$として描いてあるが$\cos 2\omega t$曲線の正波と負波の面積は明らかに等しく，また，$\cos 4\omega t$曲線の正波と負波の面積も互いに等しいから，ともにその平均高は0であり，したがって，これらの合成である（$\cos 2\omega t - \cos 4\omega t$）曲線の正波と負波の面積もまた等しくなり，結局その平均高は0になるということができる．

結局のところ，電力Pを示す式の第2項の値は，つぎのようになり

$$(\underbrace{e_1 i_3 + e_3 i_1}_{\text{異周波数量の乗算の和}})\text{の平均} = 0$$

---

*　$2\sin A \sin B = \cos(A-B) - \cos(A+B)$

ひずみ波の電力 | したがって，ひずみ波の電力は

$$電力\ P = (p\ の平均)$$
$$= (\underbrace{e_1 i_1 + e_3 i_3})\ の平均$$
同じ周波数量同士の乗算
$$= E_1 I_1 \cos\theta_1 + E_3 I_3 \cos\theta_3$$

となるわけである．

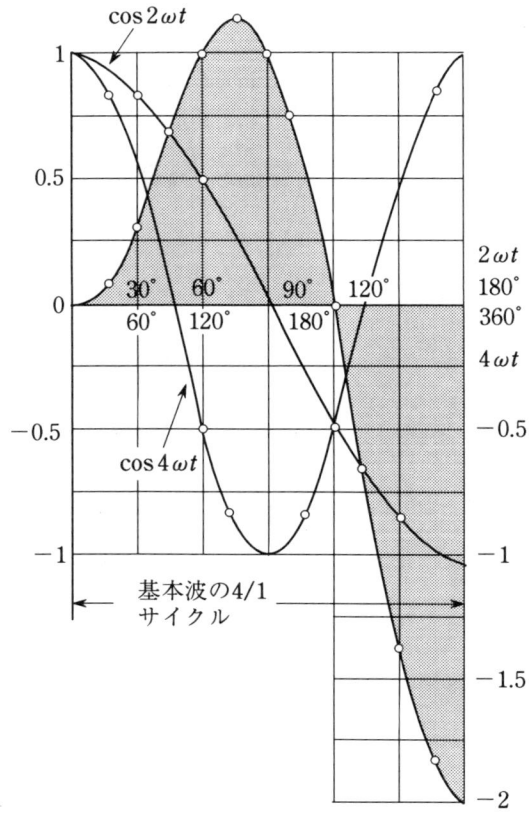

図6・2

6・2 数式による検討*

いま $e = \sum_{n=1}^{\infty} \sqrt{2} E_n \sin(n\omega t + \varphi_n)$ なるひずみ波電圧を加えて，$i = \sum_{n=1}^{\infty} \sqrt{2} I_n \sin(n\omega t + \varphi_n - \theta_n)$ のひずみ波電流が通ずるとしたときの電力を数式によって計算し検討してみよう．なお，ここに E_n, I_n はそれぞれ電圧，電流の正弦波成分の実効値，θ_n はその成分の間の位相差である．

瞬時電力 | 既述のように瞬時電力 p は ei でつぎのようになる．

$$p = ei = \sum_{n=1}^{\infty} \sqrt{2} E_n \sin(n\omega t + \varphi_n) \sum_{n=1}^{\infty} \sqrt{2} I_n \sin(n\omega t + \varphi_n - \theta_n)$$
$$= 2E_1 I_1 \sin(\omega t + \varphi_1) \cdot \sin(\omega t + \varphi_1 - \theta_1) + 2E_2 I_1 \times \sin(2\omega t + \varphi_2)$$

---

* 5での検討のやり方によってもよい．

6·2 数式による検討

$$= 2E_1I_1\sin(\omega t+\varphi_1)\cdot\sin(\omega t+\varphi_1-\theta_1) + 2E_2I_1\times\sin(2\omega t+\varphi_2)$$
$$\times\sin(2\omega t+\varphi_2-\theta_2) + 2E_3I_3\times\sin(3\omega t+\varphi_3)$$
$$\times\sin(3\omega t+\varphi_3-\theta_3)+\cdots\cdots$$
$$+2E_1I_2\sin(\omega t+\varphi_1)\cdot\sin(2\omega t+\varphi_2-\theta_2)$$
$$+2E_1I_2\times\sin(\omega t+\varphi_1)\cdot\sin(2\omega t+\varphi_2-\theta_2)$$
$$+2E_1I_3\times\sin(\omega t+\varphi_1)\times\sin(3\omega t+\varphi_3-\theta_3)+\cdots\cdots$$

有効電力　ここでいう電力，いわゆる有効電力は瞬時電力 p の1周期の平均値として計算される．この式をみれば，すでに知られるように同周波数の正弦量同士の積の項と，異周波数の正弦量同士の積の項の和となる．

この計算は5での記述によっても明らかなところであるが，ここでは忠実に計算してみよう．まず同周波数の正弦量の積の平均であるが，これはいうまでもなく，つぎのようになる．

$$2E_nI_n\sin(n\omega t+\varphi_n)\cdot\sin(n\omega t+\varphi_n-\theta_n)\text{ の平均}=\sum_{n=1}^{\infty}E_nI_n\cos\theta_n$$

問題は異周波数の正弦量同士の積の平均で計算と表現を明瞭にするため，ここでは，異周波数を表わす数値として a, b をとり，それぞれの位相差はもっとも単純な条件を想定して，0の場合を考え，つぎのように表すことに約束する（実際上，それぞれの間の位相差は関係がなくなってしまうものである）．

$$e_a=\sqrt{2}\,E_a\sin\omega_a t=\sqrt{2}\,E_a\sin 2\pi f_a t$$
$$i_b=\sqrt{2}\,I_b\sin\omega_b t=\sqrt{2}\,I_b\sin 2\pi f_b t$$
$$\therefore\ e_a i_b=2E_a I_b(\sin 2\pi f_a t)\cdot(\sin 2\pi f_b t)$$

この式の平均値を求めるには，つぎのように変形する．

$$e_a i_b=2E_a I_b(\sin 2\pi f_a t)(\sin 2\pi f_b t)$$
$$=\frac{\sqrt{2}\,E_a\sqrt{2}\,I_b}{2}\{\cos 2\pi f_{(a-b)}t-\cos 2\pi f_{(a+b)}t\}$$

この平均値を P_{ab} とすれば，

$$P_{ab}=\frac{\sqrt{2}\,E_a\sqrt{2}\,I_b}{2}f_{(a-b)}\int_0^{\frac{1}{f_{(a-b)}}}\cos 2\pi f_{(a-b)}t\,dt$$
$$-\frac{\sqrt{2}\,E_a\sqrt{2}\,I_b}{2}f_{(a+b)}\int_0^{\frac{1}{f_{(a+b)}}}\cos 2\pi f_{(a+b)}t\,dt$$
$$=\frac{\sqrt{2}\,E_a\sqrt{2}\,I_b}{4\pi}\left[\sin 2\pi f_{(a-b)}t\right]_0^{\frac{1}{f_{(a-b)}}}$$
$$-\frac{\sqrt{2}\,E_a\sqrt{2}\,I_b}{4\pi}\left[\sin 2\pi f_{(a+b)}t\right]_0^{\frac{1}{f_{(a+b)}}}$$
$$=\frac{\sqrt{2}\,E_a\sqrt{2}\,I_b}{4\pi}\{(\sin 2\pi-\sin 0)-(\sin 2\pi-\sin 0)\}$$
$$=\frac{\sqrt{2}\,E_a\sqrt{2}\,I_b}{4\pi}\{(0-0)-(0-0)\}$$
$$=0$$

6 ひずみ波での電力に対する考え方

異周波数の正弦波間の電力

すなわち，これは要するに異周波数の正弦波間の電力は？，この乗算積の和は0となることを示すものである．

これら一連の結果から結論されることがらをもう一度，直視してみよう．それは，ひずみ波交流回路で電力を形成する電圧・電流は等しい周波数を有する電圧・電流のみであることである．たとえば電圧が基本正弦波のみで，電流が基本波のほかに多数の高調波をふくんでいるときには，電圧・電流の基本波のみが（有効）電力となり，ほかの高調波は，電力とはならないものである．

6・3　直流回路にも無効電力がある[*1]

高調波電流 無効電力

ここで，前節でふれておいた電力とならない高調波電流はいったい何になってしまうのかということを調べておこう．これはやはり無効電力となるものである．すなわちある瞬間には電源から負荷へ電力が流入し，また他の瞬間には逆流するのであって，正弦波交流回路において電圧より90°遅れ，または進んだ電流に対する無効電力とまったく同様なのである．ただ，ひずみ波での無効電力の場合においては電力の正負が頻繁に行われるのに反し，正弦波交流の無効電力においては一周期に各一回だけ電力が正および負になる点が異なるのみである．この状況は図6・1を見れば一目瞭然であろう．

さて表題の意味であるが，直流回路とは平流回路のみでないことに気がついていただければおのずから氷解するであろう．

さて一般に実際上よく遭遇する例として[*2]，電源電圧は正弦波であるが，電流にたくさんの高調波があるときがある．この場合の電力Pの計算はきわめて簡単である．すなわち電圧をE，基本波電流をI_1（いずれも実効値）とし，その相差角をθ_1とすると，簡単につぎのようになる．

$$P = EI_1\cos\theta_1$$

いいかえれば，高調波電流は相手にせず，基本波電流のみをとればよいのである．

6・4　ひずみ波交流の皮相電力

皮相電力

皮相電力は単に電圧と電流の積であって，それが電力となろうが無効電力となろうが，その点は少しも考慮されないわけである．要するに電源がある電圧で運転しているときにこれから送り出せる電流は，一般に電源の内部インピーダンスの抵抗損（銅損）に支配されるから，電圧と電流の積がその電源の出せる容量（VA）になるわけで，これが皮相電力というものなのである．だから皮相電力は電圧の実効値

[*1] この表題はその受けとり方によって「yes」，「そうだ」，「ありゃりゃあ」？といろいろであろう．もう少し立入って調べることにする．

[*2] この例は非常に多いので，以下の記述はこの場合を例にとって説明してある．

6·4 ひずみ波交流の皮相電力

と電流の実効値の積で表わされるのである.

いま考えている電源電圧正弦波のひずみ波電流回路での，ひずみ波交流の実効値 I は次式によって求めることができ，

$$I = \sqrt{I_1^2 + I_3^2 + I_5^2 + \cdots\cdots}$$

皮相電力　ただし I_1, I_3, I_5 はそれぞれ基本波，第三高調波，第五高調波などの実効値，また一般に交流回路には，偶数高調波は存在し得ず，すべて奇数高調波のみであることに注意．このように電流実効値がわかれば皮相電力は簡単に計算することができる．すなわち電圧の実効値を E とすれば，

$$皮相電力 = EI = E\sqrt{I_1^2 + I_3^2 + I_5^2 + \cdots\cdots}$$

7 ひずみ波交流の力率と移相率

7・1 力率と移相率

力率　力率の定義は，明瞭に（電力/皮相電力）であって，ひずみ波交流回路（ここでは電源電圧正弦波のひずみ波電流回路）でも例外ではなく，つぎのようになる．

$$力率^* = \frac{電力}{皮相電力} = \frac{EI_1\cos\theta_1}{E\sqrt{I_1^2+I_3^2+I_5^2+\cdots\cdots}}$$

$$= \frac{I_1}{\sqrt{I_1^2+I_3^2+I_5^2+\cdots\cdots}}\cdot\cos\theta_1$$

移相率　さて，この式の第1項はひずみの程度を表す係数，第2項は**移相率**（displacement factor）といわれているものである．すなわち

$$移相率 = \cos\theta_1$$

前記のことから，電流に高調波がなく基本波のみであれば力率は$\cos\theta_1$となり，移相率が力率に等しいことになるわけである．したがってひずみ波交流の場合には，移相率を力率と誤解してはならないことが注意すべき点である．

7・2 力率および移相率の測定

ひずみ波交流回路の力率　計器を用いて，ひずみ波交流回路の力率を知るには，
(1) 電力計により電力Pを測定する．
(2) 電圧計および電流計により電圧実効値および電流実効値を測定する．
そこで電力計の読みをP，電圧計および電流計の読みをそれぞれEおよびIとすれば，

力率　力率は次式で計算される．

$$力率 = \frac{P}{EI}$$

ただしこれは単相回路の場合で，三相回路ならば，皮相電力は$\sqrt{3}EI$となり，そのほか相数によりそれぞれ計算式が異なることに注意されたい．

---

* 一般的に示せば次式となる．

$$力率 = \frac{電力}{皮相電力} = \frac{E_0I_0+E_1I_1\cos\theta_1+E_2I_2\cos\theta_2+E_3I_3\cos\theta_3+\cdots\cdots}{\sqrt{E_0^2+E_1^2+E_2^2+E_3^2+\cdots\cdots}\times\sqrt{I_0^2+I_1^2+I_2^2+I_3^2+\cdots\cdots}}$$

7·2 力率および移相率の測定

移相率 さらに移相率を測定するには，無効電力計により無効電力を測定しなければならない．無効電力計は基本波電流による無効電力，すなわち

$$Q_1 = EI_1 \sin\theta_1$$

を指示するから，移相率は次式で計算される．

$$移相率 = \cos\theta_1 = \frac{P}{\sqrt{P^2 + Q_1^2}}$$

力率計 なお普通の力率計（powerfactor meter）はその原理上，電流の基本波と電圧との相差角 θ_1 に対する余弦，すなわち $\cos\theta_1$，したがって移相率を与えるものであるから，この方法によっても求められるわけである．

8 等価正弦波

さて，前節により電力P，皮相電力EIが，実在のものであるとすると，その比である力率を$\cos\theta$という形で示すときの，$\cos\theta$およびθの値はすでに示したようにつねに見出すことができるはずである．このときのθは何ものであるかを考えてみよう．

元来，ひずみ波電圧とひずみ波電流との位相差（角）というようなものは，直接には考えられないものである．すると前記したθというのは，実際の位相差（角）にあらず，ひずみ波の実効値と周波数に等しい実効値および周波数を有する正弦波（これを**等価正弦波**というのである）に置き換えたときの電圧・電流間の位相差（角）と考えるべきもの —— この意味でθのことを**等価位相差**（角）とよぶ —— である．

ここで，もう少し等価正弦波なるものを，はっきりさせておこう．いま，ひずみ波の実効値をAとし，これと同じ実効値を有する正弦波，すなわち$\sqrt{2}A$を最大値とする正弦波により，ひずみ波電圧・電流を代表させるとする．この実効値Aは交流用計器により測定し得るものであるが，上記したような正弦波は仮想的なものとして，これを**等価正弦波**（equivalent sinewave）というのである．要するに，ひずみ波の等価正弦波とは，その実効値を$\sqrt{2}$倍した最大値を有するような正弦波をいうのである．

つぎにこの等価正弦波の位相差関係はどう定めればよいかを調べておこう．いま実効値Eなるひずみ波電圧と実効値Iなるひずみ波電流が存在する回路での，電力をPとしよう．そこで，E, Iにより等価正弦波を代表させるとして，この等価正弦波であるE, I間の位相差をどのように定めるかであるが，両者の間の電力が上記したPであるように定めるのである．すなわち，

$$P = EI\cos\theta$$
$$\therefore \cos\theta = \frac{P}{EI} \quad \therefore \theta = \cos^{-1}\frac{P}{EI}$$

となるような位相差（角）θを計算することができる．ここで計算したθのことを**等価位相差（角）**（equivalent phase difference）というのである．

以上で示した等価正弦波および等価位相差（角）を用いることにより，正弦波交流のみに適用できたいろいろの関係が，ひずみ波にも適用できることが知れよう．

しかし，これには，波形のひずみがはなはだしくないとか，あるいは変圧器の磁化電流のように負荷電流に比べてわずかであって，その波形のひずみが大局に影響しないような場合のみに，等価正弦波の手法を用いても実用上差しつかえないことに注意しなければならない．

（傍注：等価正弦波，等価位相差）

9 半波整流回路の電力

半波整流回路
　6でひずみ波の電力について調べておいたので，ここでは，これと非常に関係があり，誤解されやすい整流回路，それも代表として半波整流回路の電力について調べてみよう．整流素子としては完全理想なものを想定して考えないとはなはだめんどうとなるので，以下このような条件で話題を進めることにする．すなわち，(1)順方向[*1]電圧降下は一定，(2)逆方向[*1]抵抗は無限大という条件をつけておくことにする．

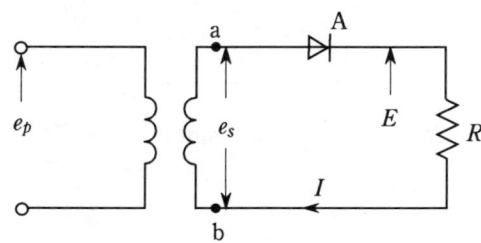

図9・1

単相半波整流回路
　図9・1にこれから考えてゆく単相半波整流回路を示す．ここで変圧器は理想的なものとし，印加電圧e_p，二次起電力e_sともに正弦波で，負荷は純抵抗Rとして考えてゆくことにする．さて二次回路a点の電位がb点よりも高い期間は，a点から　整流素子A→負荷R→b点　と電流が通ずる．逆にb点がa点より電位が高い期間は，整流素子Aの無限大抵抗のために電流は通ずることができない．このとき整流素子にかかる逆方向電圧はe_sに等しくなる[*2]．このことを念頭において回路の電圧，電流を描いたのが図9・2である．

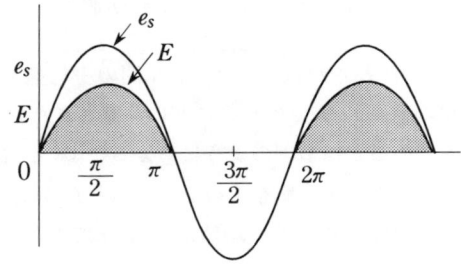

図9・2

半波直流電流平均値
　つぎにこれら電圧，電流の値を求めよう．まず半波直流電流平均値Iは$e_s = E_m \cos\theta$，回路全抵抗をR_tとおいて，

順方向　　*1　順方向；整流素子で電流の通じやすい方向．
逆方向　　　　逆方向；整流素子で電流の通じにくい方向，順方向の逆．なお，整流素子に加えられ
逆電圧　　　　　る逆方向電圧を**逆電圧**といい，素子が耐え得る逆電圧最大値を**逆耐電圧**という．
逆耐電圧　*2　抵抗負荷だからこのようにいえるので，一般には整流器入力電圧e_sに負荷電圧を加
　　　　　　　えたものになる．

9 半波整流回路の電力

$$I = \frac{2\pi}{1}\int_{-\frac{\pi}{2}}^{+\frac{\pi}{2}}\frac{E_m}{R_t}\cos\theta d\theta$$

$$= \frac{E_m}{2\pi\cdot R_t}[\sin\theta]_{-\frac{\pi}{2}}^{+\frac{\pi}{2}} = \frac{E_m}{2\pi\cdot R_t}[1-(-1)] = \frac{E_m}{\pi\cdot R_t} = \frac{I_m}{\pi} \quad *1$$

ここに $I_m = E_m/R_t$；電流最大値

直流出力電圧平均値 負荷抵抗 R と整流素子順方向抵抗 r とを分離して考えるときは，$R_t = R + r$ とすればよい．このように考えると R の端子電圧，すなわち直流出力電圧平均値 E はつぎのようになる．

$$E = IR\frac{E_m}{\pi\cdot R_t}R = \frac{I_m}{\pi}R$$

直流電圧実効値 また直流電圧実効値 E_e は，直流電流実効値を I_e とおいて

$$E_e = RI_e = R\sqrt{\frac{1}{2\pi}\int_{-\frac{\pi}{2}}^{+\frac{\pi}{2}}\left(\frac{E_m}{R_t}\cos\theta\right)^2 d\theta}$$

$$= R\sqrt{\frac{E_m^2}{2\pi\cdot R_t^2}\left[\frac{\theta}{2}+\frac{1}{4}\sin 2\theta\right]_{-\frac{\pi}{2}}^{+\frac{\pi}{2}}} = \frac{E_m}{2}\cdot\frac{R}{R_t} \quad *2$$

$$\therefore \quad I_e = \frac{E_m}{2\cdot R_t} = \frac{I_m}{2}$$

ここで，波形率＝実効値/平均値 を求めてみると E_e/E, I_e/I でつぎのように計算される．

$$\frac{I_e}{I} = \frac{E_m/(2\cdot R_t)}{E_m/(\pi\cdot R_t)} = \frac{\pi}{2} = 1.571$$

なお，半波実効値の計算については下の〔注1〕を参照されたい．

半波実効値 〔注1〕 半波実効値の求め方（別法）

いま電流 $i = I_m\sin\omega t$ とおけば，半波実効値 I は半サイクル時間を T とおいて

---

*1　交流の平均値とちがって1サイクル間の平均値を求めており，正弦波交流（半サイクル）平均値 $I_m 2/\pi$ ではないことに注意されたい．

　なおこのことはつぎのように考えるとよい．もしつぎの負半サイクルでも整流してその半サイクル平均値を求めるとやはり $I_m 2/\pi$ が得られる．通算すれば1サイクル正負両波を整流した全波平均値は $I_m 2/\pi$ である．すると半波整流波だけをとり出して考えると（半分の波がないわけであるから），その1/2で I_m/π になる．

　あるいは交流半サイクル平均値がわかっていれば，この場合は平均すべき時間が，1サイクルで，2倍になったので，値としては1/2となった．

*2　$$\int_{-\frac{\pi}{2}}^{+\frac{\pi}{2}}\cos^2\theta d\theta = \left[\frac{\theta}{2}+\frac{1}{4}\sin 2\theta\right]_{-\frac{\pi}{2}}^{+\frac{\pi}{2}} = \left[\left\{\frac{\frac{\pi}{2}}{2}+\frac{1}{4}\sin\pi\right\}-\left\{-\frac{\frac{\pi}{2}}{2}+\frac{1}{4}\sin(-\pi)\right\}\right]$$

$$= \left(\frac{\pi}{4}+0\right)-\left(-\frac{\pi}{4}-0\right) = \frac{\pi}{2}$$

なお，$R = R_t (r = 0)$ ならば $E_e = E_m/2$ となる．

9 半波整流回路の電力

$$I = \sqrt{\frac{1}{2T}\int_0^T i^2 dt} = \sqrt{\frac{1}{2T}\int_0^T I_m^2 \sin^2 \omega t \, dt}$$

$$\int_0^T i^2 dt = I_m^2 \int_0^T \sin^2 \omega t \, dt$$
$$= \frac{I_m^2}{2}\int_0^T (1-\cos 2\omega t) dt$$
$$= \frac{I_m^2}{2}\int_0^T dt - \frac{I_m^2}{2}\int_0^T \cos 2\omega t \, dt$$
$$= \frac{I_m^2}{2}T, \quad \int_0^T \cos 2\omega t \, dt = 0$$

$$\therefore \quad I = \sqrt{\frac{1}{2T} \times \frac{I_m^2}{2}T} = \frac{I_m}{2}$$

なお〔注2〕に示すことがらを知っているとさらに簡単に求められる．
つぎにこの回路の電力 P を求めてみよう．（〔注2〕参照）

$$P = \frac{1}{2\pi}\int_{-\frac{\pi}{2}}^{+\frac{\pi}{2}} E_m \cos\theta \cdot \frac{E_m}{R_t}\cos\theta \, d\theta = \frac{E_m^2}{2\pi \cdot R_t}\int_{-\frac{\pi}{2}}^{+\frac{\pi}{2}} \cos^2\theta \, d\theta$$
$$= \frac{E_m^2}{4R_t} = \left(\frac{E_m}{2}\cdot\frac{R}{R_t} + \frac{E_m}{2}\cdot\frac{r}{R_t}\right)\times\frac{E_m}{2R_t} = \frac{E_m}{2}\cdot\frac{E_m}{2R_t}$$
$$= E_e' \cdot I_e = \frac{E_m I_m}{4}$$

ここに E_e' は整流器入力電圧に対する半波実効値で，P はこの回路の入力を表わすわけである．

これに対して平均値直流電圧，直流電流の積は，

$$E'I = \left(\frac{E_m}{\pi \cdot R_t}R + \frac{E_m}{\pi \cdot R_t}r\right)\times\frac{E_m}{\pi \cdot R} = \frac{E_m^2}{\pi^2 \cdot R_t} = \frac{E_m I_m}{\pi^2}$$

ただし E は整流器入力電圧の半波整流平均値で，直流出力平均値間の積 EI ならばつぎのようになる．

$$EI = \frac{E_m}{\pi \cdot R_t}R \times \frac{E_m}{\pi \cdot R_t} = \frac{E_m^2}{\pi^2 \cdot R_t^2}R = \frac{E_m I_m}{\pi^2}\cdot\frac{R}{R_t}$$

一般に整流回路では，交流総入力に対する直流出力側の平均電圧・電流の積との比を**規約効率**というが，ここまで調べてきた半波整流回路では，EI/P となり，

規約効率

$$\frac{EI}{P} = \frac{E_m^2}{\pi^2 \cdot R_t^2}R \times \frac{4R_t}{E_m^2} = \frac{4}{\pi^2}\cdot\frac{R}{R_t}$$

となることが知れよう．

このことから考えて，整流回路では，平均値 E が加わり平均値 I が通ずれば，電力は平均に EI になると簡単に考えてはいけないことがわかろう*．電力を算出するに

---

* このことは整流回路全般についていえることで，ここでは半波回路をその代表としてとりあげたのであるが，他の回路についてはすべて省略せざるを得なかった．それぞれについては専門書によられたい．

9 半波整流回路の電力

は，電圧・電流の実効値が既知ならば，それらの積を求めればよいのである．

この辺の事情については，さらにつぎの例題を参照されると了解されるであろう．

半波の電力

〔注2〕半波の電力の求め方（別法）

電圧を $E_m \sin \omega t$ とすれば，瞬時電力 p は，

$$p = E_m I_m \sin^2 \omega t = \frac{E_m I_m}{2}(1 - \cos 2\omega t)$$

$$= \underbrace{\frac{E_m I_m}{2}}_{\text{平均値}} - \underbrace{\frac{E_m I_m}{2}}_{\text{正弦曲線}} \cos 2\omega t$$

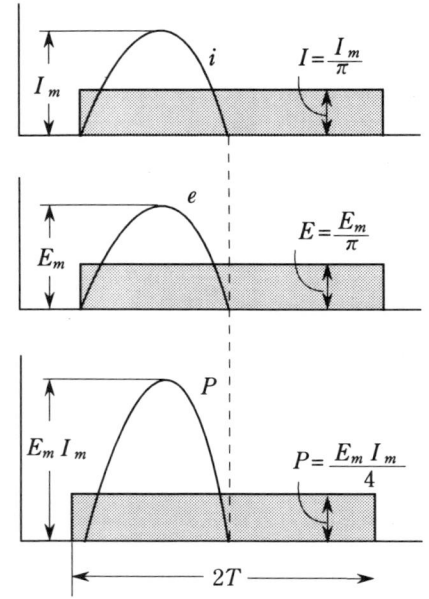

図 9·3

瞬時電力

すなわち瞬時電力 p は $E_m I_m/2$ を基線として1サイクルする正弦波状曲線となり（図9·3），その平均値は $E_m I_m/2$ で，周期 $2T$ 間の平均値すなわち電力 P はその $1/2$ で，通算して $E_m I_m/4$ となるわけである．

また E_m, I_m は平均値で表わせば πE, πI であるから，

$$P = \frac{\pi E \times \pi I}{4} = \frac{\pi^2}{4} EI$$

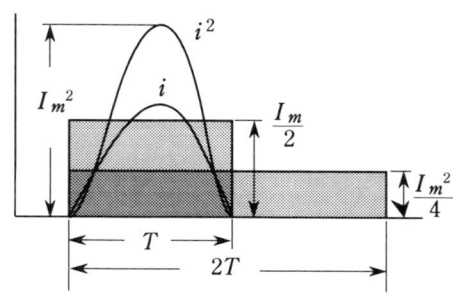

図 9·4

とも表わすことができる．さらに二つの同周波の正弦波の積の平均がたとえば $E_m I_m/2$ であることを知っていれば，〔注1〕に示した i^2 の平均は，前記したことがらの特例で $E_m = I_m$ となった場合になり，T 秒間の平均は $I_m^2/2$，$2T$ 間ではその $1/2$ で $I_m^2/4$ となり（図9·4），次のように簡単に計算される．

-28-

9 半波整流回路の電力

$$I = \sqrt{i の2乗の2T 秒間の平均}$$
$$= \sqrt{\frac{I_m^2}{4}} = \frac{I_m}{2}$$

〔例2〕図9・5のような波形の電流が抵抗に流れた場合，これを**可動コイル形計器**で測定したところ，その抵抗の端子電圧はE〔ボルト〕，また電流はI〔アンペア〕であった．この場合，抵抗が消費する電力はいくらか．

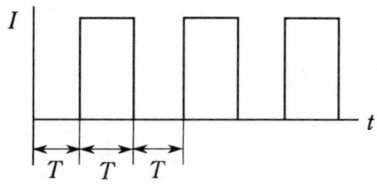

図9・5

可動コイル形計器

〔解説〕まず可動コイル形計器の振れであるが，この計器は直流専用であるからその平均値を指示する．

いま，与えられた電流，電圧の大きさの最大値をI_m, E_mとすれば，それぞれの$2T$間の平均値は$I_m/2$, $E_m/2$である．したがって，電流計，電圧計の振れI, Eは，$I = I_m/2$, $E = E_m/2$となるはずである．

一方，抵抗Rの消費電力の最大値P_mはというと，$P_m = E_m \times I_m$となるから，その平均電力Pは，

$$P = P_m/2 = E_m I_m/2$$

これに前の関係を代入すれば

$$P = \frac{(2E)(2I)}{2} = \frac{4EI}{2} = 2EI \quad 〔ワット〕$$

となり，これが答となるわけである．

ここで注意すべきことは，この回路には平均にI〔アンペア〕の電流が通じ，電圧は平均にE〔ボルト〕だから，電力も平均に$E \times I$〔ワット〕となるように考えてはいけないことである．これはなぜか？，つぎの事情を考えてもらうと納得されるのではないだろうか．

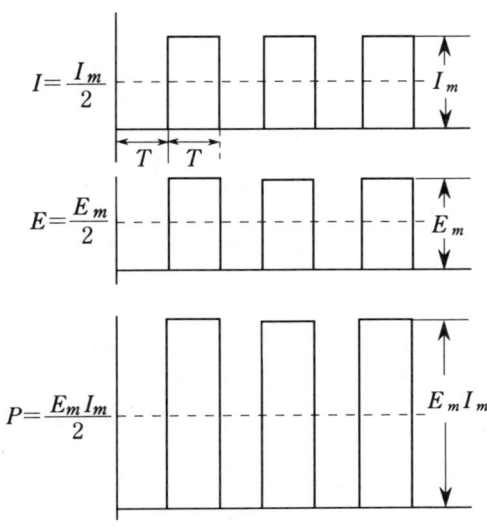

図9・6

9 半波整流回路の電力

図9·6において，電圧，電流の存在している期間内の電力量Wは，
$$W = E_m \times I_m \times T \quad 〔ワット秒〕$$

したがって，周期$2T$秒間の平均電力Pは，
$$P = \frac{W}{2T} = \frac{E_m \times I_m \times T}{2T} = \frac{E_m I_m}{2}$$
$$= \frac{2E \times 2I}{2} = 2E \cdot I \quad 〔ワット〕(答)$$

ところが，平均にI〔アンペア〕，E〔ボルト〕が加わっていると考えると，その間の電力量W'は，
$$W' = \frac{E_m}{2} \times \frac{I_m}{2} \times 2T$$
$$= \frac{E_m I_m}{2} T \quad 〔ワット秒〕$$

となって，前記した電力量Wの半分になってしまい，電力P'は，
$$P' = \frac{W'}{2T} \times \frac{E_m I_m}{4} = EI \quad 〔ワット〕(誤)$$

となって，まちがいを起こしてしまうわけである．

こう考えてくると 電流I〔アンペア〕，電圧E〔ボルト〕という平均値は，単に可動コイル形計器の読みであって，決して，現実にこの回路にI〔アンペア〕の電流が，そしてE〔ボルト〕の電圧が平均して加えられているわけではないからであると考えることができよう．このようなわけで，電力を計算する場合には，これらの点を十分わきまえて計算しなければならないことが理解していただけたかと思う．

図9·6において

練習問題

〔問1〕図9·7のように抵抗Rと静電容量Cとを並列とした回路がある．この回路に全電流
$$i = I_{1m}\sin \omega t + I_{3m}\sin(3\omega t + \varphi_3)$$
が通ずるとき，この回路の消費電力を求めよ．

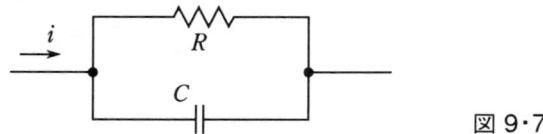

図9·7

〔問2〕〔例2〕において，可動コイル形計器に代わり，電流力計形計器で，電圧，電流を測定したら，E_e〔ボルト〕，I_e〔アンペア〕を指示したという．この指示から，抵抗の消費電力を求めよ．

〔問3〕〔問1〕において，コンデンサCに代わり，インダクタンスLの場合はどうなるか．

〔問4〕〔問1〕の図9·7において加わる電圧が
$$e = E_m(\sin \omega t + h\sin 3\omega t)$$
であるとき，通ずる全電流の第3高調波の最大値と基本波の最大値との比を求めよ．

〔問5〕図9·8に示す回路に下記の交流電圧を加えるとき各電流計A_1，A_2およびA_3を通ずる電流の実効値を算出せよ．
$$e = E_{1m}\sin \omega t + E_{3m}\sin(3\omega t - \varphi)$$

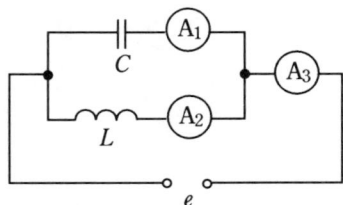

図9·8

〔問6〕つぎの□の中に適当な答を記入せよ．
電圧または電流のひずみ波の波形が零値の線に対して上下（すなわち正負）対称である場合は□番目の高調波だけをふくみ，上下が零線に対して対称でない場合は，□番目の高調波をふくむ．

〔問7〕交流のひずみ波のうち，正負同形のいわゆる対称波は必ず奇数高調波だけをふくむことを証明せよ．

〔問8〕図9·9のような接続によってコンデンサの容量Cを測定するものとする．この場合，実効値を示す電圧計および電流計の指示が，それぞれEおよびI

-31-

であるとき，C はいくらか．ただし，端子 ab 間の電圧は，ひずみ波であって，$e = E_m\left(\sin\omega t + \dfrac{1}{3}\sin 3\omega t\right)$〔V〕，$\omega = 2\pi f$, f は基本波周波数〔Hz〕で与えられるものとする．

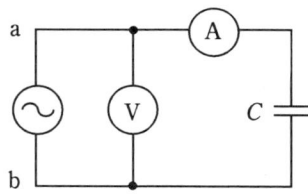

図 9·9

〔問 9〕図 9·10 の回路において
e；実効値 E の正弦波交流起電力
S；整流素子
V；可動鉄片形電圧計
A；可動コイル形電流計

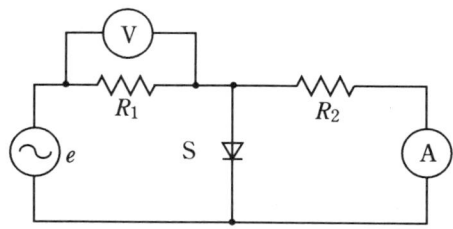

図 9·10

を示す，この場合，電圧計および電流計の指示を求めよ．ただし，S の順電圧降下および逆電流は十分小さいものとする．

練習問題の解答

〔問1〕この回路で電力が消費されるのは抵抗Rの部分だけであるため，まず抵抗Rに通ずる電流を求める．

与えられた電流iを基本波と第3調波の二つに分けて別々に考え，RとCに通ずる基本波電流，第3調波電流最大値をそれぞれI_{1m}', I_{1m}'', I_{3m}', I_{3m}''とすれば，

$$I_{1m}'R = I_{1m}''\frac{1}{\omega C} \quad \text{したがって} \quad I_{1m}'' = I_{1m}'\omega CR$$

またR, Cに通ずる電流の相差角は90°であるから，

$$I_m = \sqrt{(I_{1m}')^2 + (I_{1m}'')^2} = I_{1m}'\sqrt{1+(\omega CR)^2}$$

$$\therefore \quad I_{1m}' = \frac{I_{1m}}{\sqrt{1+(\omega CR)^2}}$$

同様の考え方で第3調波については，インピーダンスとしてはRは変わらず，$1/\omega C$は$1/3\omega C$と考えればよいから

$$I_{3m}' = \frac{I_{3m}}{\sqrt{1+(3\omega CR)^2}}$$

このことから，抵抗R中には上に示した最大値I_{1m}'とI_{3m}'である基本波と第3調波電流が総合されて通ずることになり，その実効値をI_Rとすれば，

$$I_R = \frac{1}{\sqrt{2}}\sqrt{(I_{1m}')^2 + (I_{3m}')^2}$$

$$= \frac{1}{\sqrt{2}}\sqrt{\frac{I_{1m}^2}{1+(\omega CR)^2} + \frac{I_{3m}^2}{1+(3\omega CR)^2}}$$

したがって求める消費電力Pは，$I_R^2 R$となり，

$$P = I_R^2 R = \frac{R}{2}\left\{\frac{I_{1m}^2}{1+(\omega CR)^2} + \frac{I_{3m}^2}{1+(3\omega CR)^2}\right\}$$

電流力計形計器

〔問2〕電流力計形計器の指示は，実効値（2乗の和の平均の平方根）になることはご存じのとおりで，では，図9・5のような電流波形の実効値はどうなるかということにしぼられる．さて電流の瞬時値の2乗によってできる面積は$I_m^2 \times T$であるから，

$$\text{周期}2T\text{における平均値} = \frac{I_m^2 \times T}{2T} = \frac{I_m^2}{2}$$

$$\therefore \quad \text{電流の実効値} \quad I_e = \sqrt{\frac{I_m^2}{2}} = \frac{I_m}{\sqrt{2}}$$

同様にして

電圧の実効値 $\quad E_e = E_m/\sqrt{2}$

一方，電力Pは，最大電力$E_m I_m$の1/2であるから，

$$P = \frac{E_m I_m}{2} = \frac{(\sqrt{2}\,E_e)(\sqrt{2}\,I_e)}{2} = E_e I_e$$

よって，電力 P は電流力計形電流計，電圧計の指示の積となるわけである．このことからわかるように，あくまでも「整流回路の電力の計算は電流と電圧の実効値同士の場合ならば，簡単にその積を求めればよい」ということがわかっていただけるかと思う．

〔問3〕
$$P = \frac{R\omega^2 L^2}{2}\left\{\frac{I_{1m}^2}{R^2 + \omega^2 L^2} + \frac{9 I_{3m}^2}{R^2 + 9\omega^2 L^2}\right\}$$

〔問4〕〔ヒント〕C に通ずる電流 i_C は
$$i_C = C\frac{de}{dt} = \omega C E_m(\cos\omega t + 3h\cos 3\omega t)$$

となることに注意．

(答) $\dfrac{\sqrt{\left(\dfrac{h \cdot E_m}{R}\right)^2 + (3\omega C h E_m)^2}}{\sqrt{\left(\dfrac{E_m}{R}\right)^2 + (\omega C E_m)^2}} = h\sqrt{\dfrac{\left(\dfrac{1}{R}\right)^2 + (3\omega C)^2}{\left(\dfrac{1}{R}\right)^2 + (\omega C)^2}}$

〔問5〕A_3 の指示を I_3 とすれば
$$I_3 = \sqrt{\left\{\frac{E_{1m}}{\sqrt{2}}\left(\frac{1}{\omega L} - \omega C\right)\right\}^2 + \left\{\frac{E_{3m}}{\sqrt{2}}\left(\frac{1}{3\omega L} - 3\omega C\right)\right\}^2}$$
$$= \frac{1}{\sqrt{2}}\sqrt{E_{1m}^2\left(\frac{1}{\omega L} - \omega C\right)^2 + E_{3m}^2\left(\frac{1}{3\omega L} - 3\omega C\right)^2}$$

〔問6〕奇数，偶数

〔問7〕3など参照のこと．

〔問8〕電圧計の指示より
$$E = \sqrt{\left(\frac{E_m}{\sqrt{2}}\right)^2 + \left(\frac{E_m/3}{\sqrt{2}}\right)^2} = \frac{E_m}{\sqrt{2}}\sqrt{1 + \frac{1}{9}}$$
$$= \frac{E_m}{\sqrt{2}}\sqrt{\frac{10}{9}} = \frac{\sqrt{10}}{3\sqrt{2}}E_m$$

$$\therefore\ E_m = \frac{3\sqrt{2}}{\sqrt{10}}E = \frac{3}{\sqrt{5}}E\ \text{[V]}$$

コンデンサに流れる電流 i_C は，基本波電圧 e_1 と第3調波電圧 e_3 によって流れる i_{C1} と i_{C3} の合成で，電圧より $\pi/2$ 進んでいるから
$$i_C = i_{C1} + i_{C3} = \omega C E_m \sin\left(\omega t + \frac{\pi}{2}\right) + 3\omega C \times \frac{E_m}{3}\sin\left(3\omega t + \frac{\pi}{2}\right)$$

したがって実効値（電流計の指示）は

$$I = \sqrt{\left(\frac{\omega C E_m}{\sqrt{2}}\right)^2 + \left(\frac{\omega C E_m}{\sqrt{2}}\right)^2} = \frac{\omega C}{\sqrt{2}} E_m \sqrt{1+1} = \omega C E_m \ [\text{A}]$$

この式のE_mに前出の式を入れてCを求めれば

$$C = \frac{I}{\omega E_m} = \frac{1}{\omega} \cdot \frac{\sqrt{5}}{3E} = \frac{\sqrt{5} I}{3\omega E} \fallingdotseq 0.119 \frac{I}{fE} \ [\text{F}]$$

いま，Iを〔mA〕，Cを〔μF〕で表わすと

$$C \fallingdotseq 119 \frac{I}{fE}$$

で表わされる．なお，電流計のインピーダンスは無視した．

〔問9〕整流素子Sの動作の$0 \sim \pi$区間（図9・11参照）では，流れる電流i_1はR_2がSで短絡されて分流しないので，R_1のみに流れ

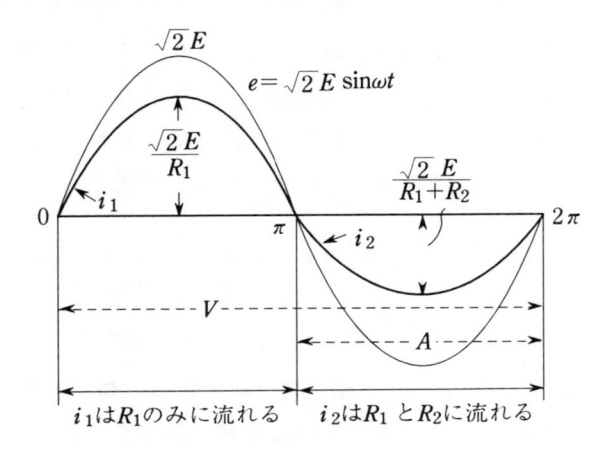

図9・11

$$i_1 = \frac{e}{R_1} = \frac{\sqrt{2}E}{R_1} \sin\omega t, \quad \text{実効値}\ I_1 = \frac{E}{R_1}$$

つぎに$\pi \sim 2\pi$区間では，R_1とR_2の直列回路に電流i_2が流れ，実効値I_2，平均値I_{2a}は

$$I_2 = \frac{E}{R_1 + R_2}, \quad I_{2a} = \frac{I_2}{\text{波形率}} = \frac{2\sqrt{2}}{\pi} \cdot \frac{E}{R_1 + R_2}$$

したがってR_1にはi_1とi_2とが流れ，その合成実効値Iは

$$I = \sqrt{\frac{1}{2}(I_1^2 + I_2^2)} = \frac{E}{\sqrt{2}} \sqrt{\frac{1}{R_1^2} + \frac{1}{(R_1+R)^2}} = \frac{\sqrt{2R_1^2 + 2R_1 R_2 + R_2^2}}{\sqrt{2}\,R_1(R_1+R_2)} E$$

となり，実効値を指示するVの指示は

$$R_1 I = \frac{1}{\sqrt{2}} \frac{\sqrt{2R_1^2 + 2R_1 R_2 + R_2^2}}{(R_1+R_2)} E \ [\text{V}]$$

また平均値を指示するAには$0 \sim \pi$区間のi_1が流れるのみであるから，これを$0 \sim 2\pi$の間で平均すると$I_{2a}/2$となり，電流計の指示は

$$\frac{I_{2a}}{2} = \frac{\sqrt{2}}{\pi} \cdot \frac{E}{R_1 + R_2} \ [\text{A}]$$

10 フーリエ級数[*1]およびひずみ波[*2]

10・1 フーリエ級数

周期的なひずみ波

一定の周期（period）Tをもっている関数のうちで，もっとも簡単なものは正弦波（または余弦波）$\sin\theta(\cos\theta)$である．そうして任意の周期的なひずみ波は，ある正弦波を基本波（foundamental wave）とし，この基本波の周波数$f(=1/T)$の整数倍の周波数をもった高調波（harmonics）を，ある大きさと，ある位相で合成したものとみることができることは2ですでに記述しておいたとおりである．

いま，これらの関係をつぎのようにおいてみよう．

$$e(t) = \underbrace{\frac{C_0}{2}}_{\text{直流分}} + \underbrace{C_1\sin(\omega t + \varphi_1)}_{\text{基本波}} + \underbrace{C_2\sin(2\omega t + \varphi_2) + \cdots\cdots}_{\text{高調波}} \tag{10・1}$$

ここにC_n；振幅，φ_n；相差角，$\omega = 2\pi f$；角周波数，$n = 0, 1, 2, 3\cdots\cdots$

そこでこれを正弦項と余弦項に分解すれば，つぎのようである．

$$\begin{aligned} e(t) = \frac{C_0}{2} &+ C_1\sin\varphi_1\cos\omega t + C_2\sin\varphi_2\cos 2\omega t + \cdots\cdots \\ &+ C_1\cos\varphi_1\sin\omega t + C_2\cos\varphi_2\sin 2\omega t + \cdots\cdots \end{aligned} \tag{10・2}$$

$$\equiv \underbrace{a_0}_{\text{直流分}} + \underbrace{a_1\cos\omega t + a_2\cos 2\omega t + \cdots\cdots}_{\text{偶関数}\ C(t)} + \underbrace{b_1\sin\omega t + b_2\sin 2\omega t + \cdots\cdots}_{\text{奇関数}\ S(t)} \to \tag{10・3}$$

ただし $a_0 = \dfrac{C_0}{2}, \quad a_n = C_n\sin\varphi_n, \quad b_n = C_n\cos\varphi_n$ （10・4）

または $C_0 = 2a_0, \quad C_n = \sqrt{a_n^2 + b_n^2}, \quad \varphi_n = \tan^{-1}(a_n/b_n)$ （10・5）

フーリエ級数

注： 以上で示した諸式の関係がフーリエ級数（展開）といわれるものであるが，実はフーリエ（Joseph Fourier，フランス）は，この結果を使って熱の伝導の問題を解いたので，これを後世の人々が交流現象に応用したものなのである．その後も，これらの検

[*1] Fourier series. 数学的には，いろいろ吟味すべき条件があるが，ここでは実用上，応用するのに困らない程度にとどめることにする．

[*2] 始めから方形波など特殊波形を対象とし，正弦波でないことを目的としている波に対して，ひずみ波と呼ぶのはおかしい，として非正弦波という呼び方をする人もいるが，ここではひずみ波としておく．

討は進められて，現在では確固たる事実で，これを記念してフーリエ級数と呼んでいるわけである．

10・2　高調波の大きさ

高調波の大きさ　波形と高調波の大きさとの関係は，具体的には波形が明らかにされて（とはいっても，図が示されただけではだめで），後記するような手段によって分析しなければわからないが，しかし，だいたいの傾向としてはつぎのように考えることができる．

基本波　基本波がもっとも周波数が低く，次数の高い高調波ほど周波数が高いので，大きさが同じであれば，高調波ほど細かい変化を示すことになろう．つまり（波形が）細かい変動が多いほど，高い次数の高調波の大きさの大きいものが存在しているということになろう．

細かい変動，微細な変化であるが，これを定量的に表わすには $de(t)/dt$ を考えればよいことはわかっていただけよう．細かい変動が多ければ $de(t)/dt$ の値の大きい点が多く出てくるであろう．したがって，**高次の高調波の大きさ**は，$de(t)/dt$ の大きさで定まるといってもよいであろう．

そのもっとも極端な例は不連続点のある場合で，この条件のときは $de(t)/dt$ が無限大になった極限と考えられる．この場合は，無限次数の高調波がこの不連続点を構成するのに重要な役割を持っているのである．

なお一般に不連続点のある場合には次数の高い高調波の大きさは，次数 n に反比例して小さくなってゆくものである．逆に高調波の大きさが次数 n に反比例して小さくなってゆく場合は不連続点があるといえるわけである．

不連続点がなければ，高次数の高調波はこれ以上に小さくなり，一般に n の2乗以上に反比例して減少してゆく．

10・3　ひずみ波の実効値

ひずみ波　ひずみ波 $e(t)$ はつぎのフーリエ級数で表わされるとして計算してみよう．

$$e(t) = E_0 + E_{1m}\cos(\omega t + \varphi_1) + E_{2m}\cos(2\omega t + \varphi_2)$$
$$+ E_{3m}\cos(3\omega t + \varphi_3) + E_{4m}\cos(4\omega t + \varphi_4) + \cdots\cdots$$

まず，周期を T として，

$$E^2 = \frac{1}{T}\int_{-T/2}^{T/2}\{e(t)\}^2 dt$$
$$= \frac{1}{T}\int_{-T/2}^{T/2}\{E_0^2 + E_{1m}^2\cos^2(\omega t + \varphi_1)$$
$$+ E_{2m}^2\cos^2(2\omega t + \varphi_2) + E_{3m}^2\cos^2(3\omega t + \varphi_3) + \cdots\cdots$$
$$+ 2E_0 E_{1m}\cos(\omega t + \varphi_1) + 2E_0 E_{2m}(2\omega t + \varphi_1) + \cdots\cdots$$

$$+2E_0E_{1m}\cos(\omega t+\varphi_1)+2E_0E_{2m}(2\omega t+\varphi_1)+\cdots\cdots$$
$$+2E_{1m}E_{2m}\cos(\omega t+\varphi_1)\cos(2\omega t+\varphi_2)+\cdots\cdots+\cdots\cdots\}dt$$

ところで一般に

$$\left.\begin{array}{l}\dfrac{1}{T}\displaystyle\int_{-T/2}^{T/2}\cos^2(n\omega t+\varphi_n)dt=\dfrac{1}{2}\\ \dfrac{1}{T}\displaystyle\int_{-T/2}^{T/2}\cos(n\omega t+\varphi_n)\cos(m\omega t+\varphi_m)dt=0\end{array}\right\} \qquad(10\cdot6)$$

したがって，

$$E^2=E_0{}^2+\frac{E_{1m}{}^2}{2}+\frac{E_{3m}{}^2}{2}+\cdots\cdots$$

しかるに，各調波の実効値をそれぞれE_1，E_2，E_3……で表わせば，

$$E_{1m}=\sqrt{2}\,E_1,\quad E_{2m}=\sqrt{2}\,E_2,\quad E_{3m}=\sqrt{2}\,E_3,\ \cdots\cdots$$

であるから

$$E^2=E_0{}^2+E_1{}^2+E_2{}^2+E_3{}^2+\cdots\cdots$$

直流分のE_0は，実効値と考えられえるから

ひずみ波の実効値

(ひずみ波の実効値)^2 = (各調波の実効値)^{2}の和

という関係が得られ，結局，つぎの簡単で重要な結果が得られる．

$$E=\sqrt{E_0{}^2+E_1{}^2+E_2{}^2+E_3{}^2+\cdots\cdots} \qquad(10\cdot7)$$

台形波

〔例1〕図10・1のような台形波交流電圧において，最大値をE_mとするとき，これの実効値を求めよ．

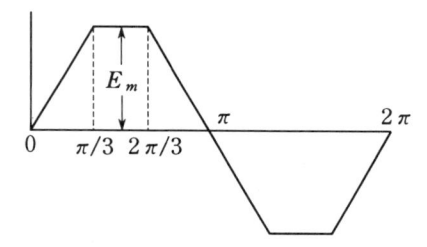

図 10・1

〔解答〕この台形波は$\pi/2$を軸として左右対称であるから，$0\sim\pi/2$について積分して求めればよい．まず図10・2のようにSとFの二つの部分に分けて考える．

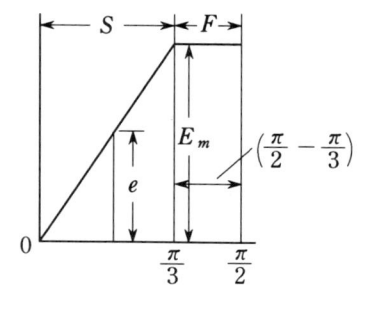

図 10・2

Sの部分について；任意のθの瞬時値をeとすると，相似三角形の辺の比例関係から

$$\frac{e}{E_m} = \frac{\theta}{\frac{\pi}{3}} \quad \therefore \quad e = \frac{3\theta}{\pi} E_m$$

この部分の瞬時値の2乗の和 A_S は

$$A_S = \int_0^{\frac{\pi}{3}} e^2 d\theta = \frac{9E_m^2}{\pi^2} \int_0^{\frac{\pi}{3}} \theta^2 d\theta = \frac{9E_m^2}{\pi^2} \left[\frac{\theta^3}{3}\right]_0^{\frac{\pi}{3}}$$

$$= \frac{9E_m^2}{\pi^2} \times \frac{\pi^3}{3 \times 27} = \frac{\pi E_m^2}{9}$$

F の部分について；瞬時値が一定の E_m であるから，瞬時値の2乗の和 A_F は

$$A_F = E_m^2 \times \left(\frac{\pi}{2} - \frac{\pi}{3}\right) = \frac{\pi E_m^2}{6}$$

よって実効値 E は

$$E = \sqrt{\frac{1}{\pi/2}(A_S + A_F)} = \sqrt{\frac{2}{\pi}\left(\frac{\pi E_m^2}{9} + \frac{\pi E_m^2}{6}\right)}$$

$$= \sqrt{2 \times \frac{5 E_m^2}{18}} = \frac{\sqrt{5}}{3} E_m = 0.744 E_m$$

10·4　ひずみ波の電力

ひずみ波交流の生じた原因が何であるにせよ，電圧が $e(t)$，電流が $i(t)$ であれば，$e(t)i(t)$ はそのときの電力の瞬時値である．この瞬時電力の平均値 P は，

<small>瞬時電力の平均値</small>

$$P = \frac{1}{T} \int_{-T/2}^{T/2} e(t)i(t)dt$$

$$= \frac{1}{T} \int_{-T/2}^{T/2} \{E_0 I_0 + E_{1m} I_{1m} \cos(\omega t + \varphi_{e1})\cos(\omega t + \varphi_{i1})$$
$$\quad + E_{2m} I_{2m} \cos(2\omega t + \varphi_{e2})\cos(2\omega t + \varphi_{i2}) + \cdots\cdots$$
$$\quad + E_0 I_{1m} \cos(\omega t + \varphi_{i1}) + \cdots\cdots$$
$$\quad + E_{1m} I_{2m} \cos(\omega t + \varphi_{e1})\cos(2\omega t + \varphi_{i2}) + \cdots\cdots\}dt$$

ところで (10·6) 式を参照すれば，同じ周波数の積の項のみが残るから

$$P = E_0 I_0 + \frac{1}{2} E_{1m} I_{1m} \cos(\varphi_{e1} - \varphi_{i1}) + \frac{1}{2} E_{2m} I_{2m} \cos(\varphi_{e2} - \varphi_{i2}) + \cdots\cdots$$
$$= E_0 I_0 + E_1 I_1 \cos(\varphi_{e1} - \varphi_{i1}) + E_2 I_2 \cos(\varphi_{e2} - \varphi_{i2}) + \cdots\cdots \quad (10·8)$$

すなわち同一次数の調波の電圧，電流によって生ずる電力のみを加え合わせればよい．特別の場合として電圧 e(t) が正弦波であれば

$$P = E_1 I_1 \cos(\varphi_{e1} - \varphi_{i1})$$

となる．この際の皮相電力 P_a を EI，力率を P/P_a で定義すれば

10 フーリエ級数およびひずみ波

$$力率 = \frac{P}{P_a} = \frac{I_1 \cos(\varphi_{e1} - \varphi_{i1})}{I}$$

$$= \frac{I_1}{I} \cos(\varphi_{e1} - \varphi_{i1})$$

正弦波の場合と異なり，位相の差による $\cos(\varphi_{e1} - \varphi_{i1})$ のほかに，電流がひずんでいるための項 I_1/I がはいってくることがわかる．

〔例2〕 図10·3のような波形の交流電圧 v，電流 i がある．その平均電力および力率を求めよ．

ただし $v = V_m \sin \omega t$

$$i = I_m \sin \omega t - \frac{I_m}{\sqrt{3}} \sin 3\omega t$$

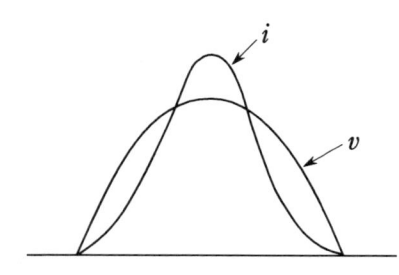

図 10·3

平均電力

〔解答〕 この場合の平均電力 P は $\omega t = \theta$ とおいて

$$P = \frac{1}{2\pi} \int_0^{2\pi} V_m \sin \theta \cdot I_m \left(\sin \theta - \frac{1}{\sqrt{3}} \sin 3\theta\right) d\theta$$

$$= \frac{V_m I_m}{2\pi} \left\{\int_0^{2\pi} \left(\sin^2 \theta - \frac{1}{\sqrt{3}} \sin \theta \cdot \sin 3\theta\right) d\theta\right\}$$

$$= \frac{V_m I_m}{2\pi} \left[\int_0^{2\pi} \left\{\frac{1}{2} - \frac{1}{2}\cos 2\theta - \frac{1}{2\sqrt{3}}(\cos 2\theta - \cos 4\theta)\right\} d\theta\right]$$

$$= \frac{V_m I_m}{2\pi} \left[\frac{1}{2}\theta - \frac{1}{4}\sin 2\theta - \frac{1}{2\sqrt{3}}\left(\frac{1}{2}\sin 2\theta - \frac{1}{4}\sin 4\theta\right)\right]_0^{2\pi}$$

$$= \frac{V_m I_m}{2\pi} \left\{\frac{1}{2}(2\pi - 0) - 0 - \frac{1}{2\sqrt{3}}(0 - 0)\right\}$$

$$= \frac{V_m I_m}{2}$$

そうして，与えられた電圧の実効値 V は

$$V = \frac{V_m}{\sqrt{2}}$$

電流の実効値 I は

$$I = \sqrt{\frac{I_m^2}{2} + \frac{(I_m/\sqrt{3})^2}{2}} = \frac{I_m}{\sqrt{2}} \sqrt{1 + \frac{1}{3}}$$

つぎに力率は

$$\text{力率} = \frac{\text{有効電力（平均電力）}}{\text{皮相電力}}$$

$$= \frac{V_m I_m / 2}{\dfrac{V_m}{\sqrt{2}} \times \dfrac{I_m}{\sqrt{2}} \sqrt{1 + \dfrac{1}{3}}} = \frac{1}{\sqrt{1 + \dfrac{1}{3}}}$$

$$= \frac{\sqrt{3}}{2} = 0.866$$

〔問1〕図10·4の曲線(1)に示すような方形波起電力によって曲線(2)に示すような三角波電流を得たとする．この場合の電流，電圧の実効値，電力および力率を計算せよ．

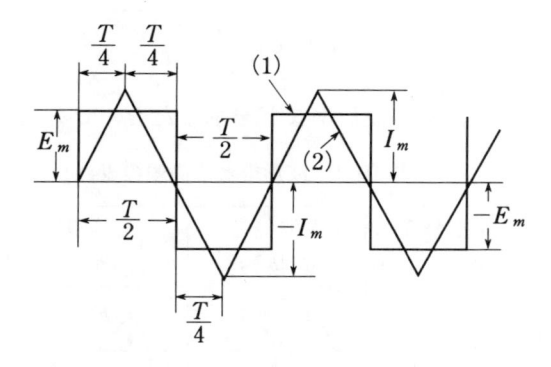

図 10·4

10·5　波形率と波高率

ひずみ波の功罪を表わすのに実効値のみでは不満で，その波形に著しく影響されるような場合も多い．そのため，正弦波から，どの程度ひずんでいるかの目安を量的に定めておいたほうがよいというわけで，波形率，波高率などが定義されている．

これらはつぎのように定義されている．

波形率

$$\text{波形率} = \frac{\text{実効値}}{\text{平均値}} = \frac{\sqrt{\dfrac{1}{2\pi} \int_0^{2\pi} e^2(t) d\theta}}{\dfrac{1}{\pi} \int_0^{\pi} e(t) d\theta}$$

波高率

$$\text{波高率} = \frac{\text{最大値}}{\text{実効値}} = \frac{E_m}{\sqrt{\dfrac{1}{2\pi} \int_0^{2\pi} e^2(t) d\theta}}$$

これらの式は，波形そのものが時間の関数として与えられたときの計算式であるが，このままでは高調波成分が，波形率などにどのような影響をおよぼしているのかは率直にわからない．そこで，これを各高調波成分で表わしてみよう．ここでは簡単のため直流分は考えないとすれば

10 フーリエ級数およびひずみ波

$$\text{平均値} = \frac{1}{\pi}\int_0^\pi e(t)d\theta = \frac{1}{\pi}\int_0^\pi \left\{\sum_{n=1}^\infty E_{nm}\sin(n\theta-\varphi_n)\right\}d\theta$$

$$= \frac{1}{\pi}\sum_{n=1}^\infty E_{nm}\left[\frac{-\cos(n\theta-\varphi_n)}{n}\right]_0^\pi = \begin{cases} 0 & (n\text{は偶数}) \\ \frac{2}{\pi}\sum E_{nm}\cos\varphi_n & (n\text{は奇数}) \end{cases}$$

$$= \frac{2}{\pi}\left(E_{1m}\cos\varphi_1 + \frac{E_3\cos\varphi_3}{3} + \frac{E_5\cos\varphi_5}{5} + \cdots\cdots\right)$$

$$= \frac{2\sqrt{2}}{\pi}\left(E_1\cos\varphi_1 + \frac{E_3\cos\varphi_3}{3} + \frac{E_5\cos\varphi_5}{5} + \cdots\cdots\right)$$

であるから波形率は

波形率

$$\text{波形率} = \frac{\pi}{2\sqrt{2}} \cdot \frac{\sqrt{E_1^2 + E_2^2 + E_3^2 + \cdots}}{E_1\cos\varphi_1 + \dfrac{E_3\cos\varphi_3}{3} + \cdots\cdots}$$

表10·1は各種波形の波形率などを示したものである．

表10·1 波形率と波高率の表

波形の名称	正弦波	半波整流正弦波	全波整流正弦波	二等辺*1 三角波	長方形波	半円波
波形	(0〜2π, E_m)	(0〜2π, E_m)	(0〜2π, E_m)	(0〜2π, E_m)	(0〜2π, E_m)	(0〜2π, E_m)
平均値	$\left(\dfrac{2}{\pi}E_m\right)^{*2}$	$\dfrac{1}{\pi}E_m$	$\dfrac{2}{\pi}E_m$	$\left(\dfrac{E_m}{2}=0.5E_m\right)$	(E_m)	$\left(\dfrac{\pi}{4}E_m\right)$
実効値	$\dfrac{E_m}{\sqrt{2}}=0.707E_m$	$\dfrac{E_m}{2}=0.5E_m$	$\dfrac{E_m}{\sqrt{2}}=0.707E_m$	$\dfrac{E_m}{\sqrt{3}}=0.577E_m$	E_m	$\sqrt{\dfrac{2}{3}}E_m = 0.816E_m$
波形率	$\dfrac{\pi}{2\sqrt{2}}=1.11$	$\dfrac{\pi}{2}=1.571$	$\dfrac{\pi}{2\sqrt{2}}=1.11$	$\dfrac{2}{\sqrt{3}}=1.155$	1	$\dfrac{4\sqrt{2}}{\pi\sqrt{3}}=1.040$
波高率	$\sqrt{2}=1.414$	2	$\sqrt{2}=1.414$	$\sqrt{3}=1.732$	1	$\sqrt{\dfrac{3}{2}}=1.226$

*1 一般三角波でも最大値E_mを同じにとれば各係数の値は等しい．のこぎり歯状波も同じ．
*2 1/2周期平均値．他は1周期平均値．

波形率
波高率

〔注1〕一般に波形率が正弦波の波形率1.11より小さい場合は正弦波より平たく，また1.11より大きい場合はとがっていると考えてよい．また波高率についても同様なことがいえ，正弦波の波高率1.41より大きい波形がとがっており，小さい波形は平たいと考えてよい．

〔注2〕ひずみ波の平均値の定義は明確でない．普通はいままで示してきたような正負対称な波形を想定して，0〜πの期間，つまり正半波の平均値をとるようであるが，図10·5のような波形では正半波とは何を意味するかわからないようなひずみ波もある．

10·6 ひずみ波と脈動率

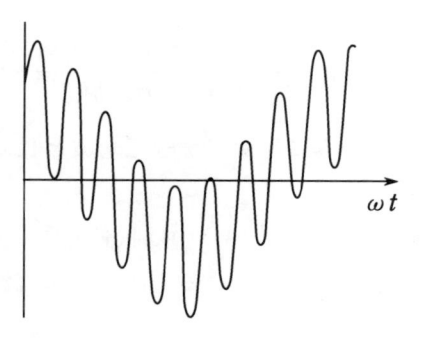

図10·5

二等辺三角波

〔問2〕 図10·6のような二等辺三角波の実効値,波形率および,波高率を求めよ.

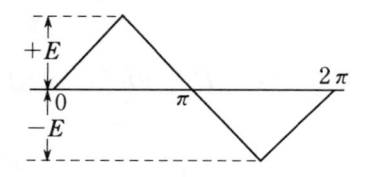

図10·6

脈動電流

〔問3〕 無誘導抵抗負荷に正弦波交流を整流した図10·7(a)のような脈動電流が通ずるものとする.図(b)のように接続された電流計A,電圧計Vの読みから負荷電力を算出せよ.

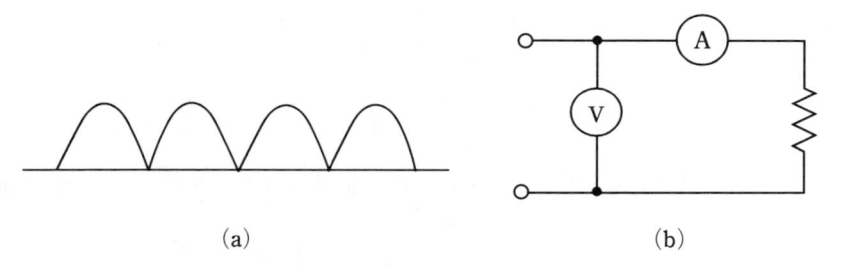

(a) (b)

図10·7

（イ）永久磁石可動コイル形計器の場合
（ロ）熱線形計器の場合

〔問4〕 整流器を全波整流ブリッジ接続として交流電流を永久磁石可動コイル形直流電流計を用いて測定しようとする.もし計器は正弦波交流に対して目盛られるとすれば,測定しようとする交流の波形率は計器の指示にどんな影響を与えるか,理由をつけて説明せよ.

10·6 ひずみ率と脈動率

ひずみ波形の基本波からのひずみの程度を表わすのに **ひずみ率***を用いることがある.ひずみ率Kとは基本波を除くすべての高調波の実効値と基本波の実効値の比で,

―――――――――――――――――――――――――――――――――――
* クリル・ファクター (klirr factor) または (distortion factor) という.

ひずみ率	ひずみ率 $K = \dfrac{\text{高調波のみの実効値}}{\text{基本波の実効値}} = \dfrac{\sqrt{E_1^2 + E_3^2 + E_5^2 + \cdots}}{E_1}$

と定義される．ちなみに対称二等辺三角波と長方形波のひずみ率は前者12.1％，後者48.3％である．

脈動率（ripple factor）というのは脈動波すなわち単方向で（すなわち直流で）あるが，その大きさが脈動している電圧波，電流波の脈動の程度を表わすのに使われているもので，

脈動率	脈動率 $=\dfrac{\text{脈動波の交流分の実効値}}{\text{脈動波の平均値あるいは直流値}}$

と定義されている．

いま，脈動電流の実効値を I，その平均値を I_{av} とすれば，脈動率 γ はつぎのように表わせる．

$$\text{脈動率}\quad \gamma = \dfrac{\sqrt{I^2 - I_{av}^2}}{I_{av}} = \sqrt{\left(\dfrac{I}{I_{av}}\right)^2 - 1}$$

単相半波整流波では最大値を I_m とすれば，実効値 $I_m/2$，平均値 I_m/π（正弦波の平均値の1/2）*であるから，

$$\dfrac{I}{I_{av}} = \dfrac{I_m/2}{I_m/\pi} = \dfrac{\pi}{2} = 1.57$$

$$\gamma = \sqrt{1.57^2 - 1} = 1.21$$

単相全波整流波の場合は実効値 $I_m/\sqrt{2}$，平均値 $2I_m/\pi$（正弦波に同じ）であるから，

$$\dfrac{I}{I_{av}} = \dfrac{I_m/\sqrt{2}}{2I_m/\pi} = 1.11 \quad (\text{波形率に同じ})$$

$$\therefore\ \gamma = \sqrt{1.11^2 - 1} = 0.482$$

となって，格段の差があることがわかる．

〔**問5**〕図10・8のように抵抗 R, r，インダクタンス L, l，静電容量 C を結合した回路に，直流電圧 E_0 と交流電圧 $E_m \sin \omega t$ とを直列に加えたとき，L, R を通ずる電流 I の瞬時値を求めよ．ただし，$\omega = 2\pi f$，f は周波数とする．

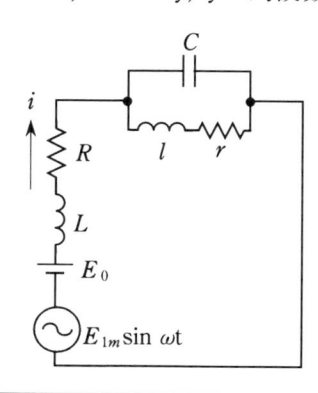

図10・8

---
* 正弦波では1/2周期間の平均，半波整流波では1周期間の平均．

10·6 ひずみ波と脈動率

〔問6〕図10·9のように整流器Kを用いて交流電源より蓄電池Sを充電しようとする．この場合の直流可動コイル形電流計Aの指示を求めよ．ただし電源の電圧は100 V（実効値），蓄電池の起電力は100 V，回路の抵抗は10 Ω，電源の電圧波形は正弦波とする．

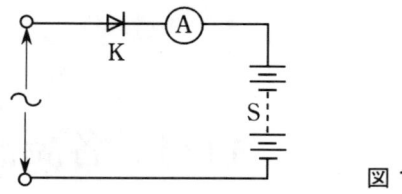

図 10·9

11 高調波の位相差と波形

11・1 各調波の位相差

位相差(相差角)

いままでに示してきた展開式のなかに $\varphi_1, \varphi_2, \varphi_3 \cdots$ が，ふくまれている．これは各調波の位相差（相差角）を示すものであるが，これらが波形に対してどのような影響を持つかを考えてみよう．

これらの相差角が変化しても，各調波の大きさには変わりがないが，その相対的な位置は変化して，それに伴い波形が変ってくるであろう．簡単な例として，基本波と第3調波が合成されるときを考えてみよう．両者の山が重なれば，波形はとがってくるし，両者の山がちょうど打ち消し合うような場合には，波形は平らになる傾向となるであろう．

ところで，各調波の相対的位置を変えないような相差角はどう規定されなければならないか．簡単のため，基本波と第3調波をとって，

$$e(t) = C_1 \cos(\omega t + \varphi_1) + C_3 \cos(3\omega t + \varphi_3)$$

を考えてみる．単純に考えると $\varphi_1 = \varphi_3$ であれば，二つの調波の相対位置は変わらないように思える．しかし，実はそうではない． $\varphi_1 = \varphi_3 = 0$ の場合には図11・1(a)のような波形が，同じく φ_1 と φ_3 が等しくても， $\varphi_1 = \varphi_3 = -\pi/2$ ならば，それぞれの調波が1/4サイクルずつ遅れるので，図(b)のようになる．

$\varphi_1 = \varphi_3 = 0$ 　　　　　 $\varphi_1 = \varphi_3 = -\dfrac{\pi}{2}$

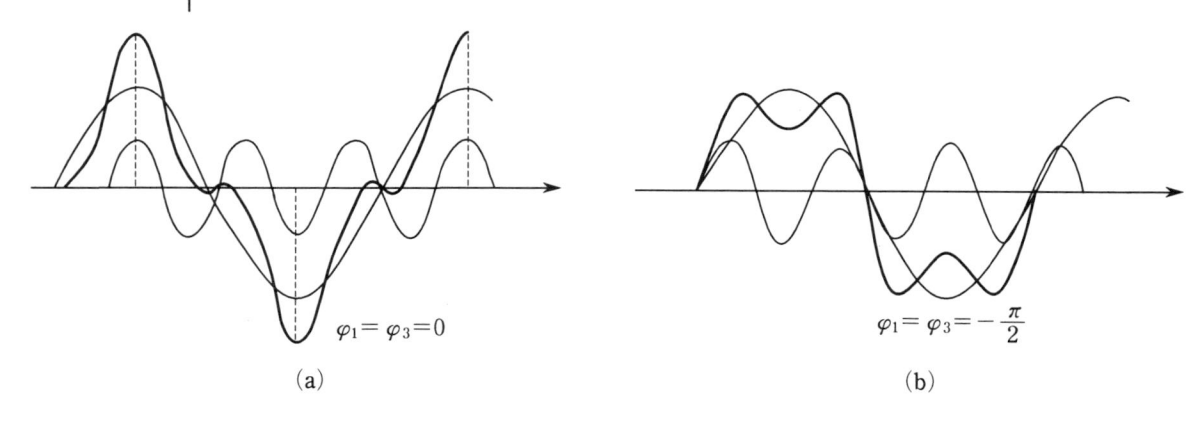

(a) 　　　　　　　　　　　　(b)

図 11・1

高調波がたくさんあっても同じで， $\varphi_1 = \varphi_2 = \varphi_3 = \varphi_4 = \varphi_5 \cdots$ であっても，その値によっては，波形の変化の状況が変ってくるものである．

波形を変えないような相差角はどうあるべきかといえば，基本波が原点から t_0 だけずれれば，各調波もまた t_0 だけ原点からずらせれば全体として t_0 だけずれた波形

になることに注目すればよい.

基本波をt_0だけずらせるには,
$$C_1\cos\{\omega(t-t_0)+\varphi_1\}=C_1\cos(\omega t+\varphi_1-\omega t_0)$$
とすればよいし, 第2調波では
$$C_2\cos\{2\omega(t-t_0)+\varphi_2\}=C_2\cos(2\omega t+\varphi_2-2\omega t_0)$$
一般に第n調波では
$$C_n\cos\{n\omega(t-t_0)+\varphi_n\}=C_n\cos\{n\omega t+\varphi_n-n\omega t_0\}$$
つまり, **相差角の変化が各調波の次数, したがって周波数に比例すればよい**ことがわかろう.

<small>遅延回路</small>　このことは波形を遅らせる, つまり遅延回路の根本原理となるもので, 各調波の位相差を周波数に比例して遅らせればよいわけである.

<small>ひずみ波三相交流</small>　**ひずみ波三相交流**もこの例で, 三相波がひずんではいるが同じ波形である場合には, その波形は順次にTを周期として$T/3$, $2T/3$だけ遅れているわけで, 第n調波の位相の遅れは前式から$(n\omega T/3)$および$(n\omega 2T/3)$となろう. ところで
$$\omega T=2\pi T/T=2\pi$$
であるから, 前記の遅れはそれぞれ
$$2n\pi/3,\ 2\times(2n\pi/3)=4n\pi/3$$
となり, 第3調波では2πおよび4πであるが, 2πあるいは4πだけ位相が遅れても波形は変わらないから, 三相に対して同位相ということになる.

第5調波では2πの変化が影響のないことを考慮すれば, $4\pi/3$, $2\pi/3$となって基本波とは逆の相回転となり, 第7調波では基本波と同じ相回転になる.

11・2　三相発電機と第$3n$調波起電力

<small>第$3n$調波</small>　三相式における高調波について各相の**第$3n$調波は各相同相**となることは前記したとおりである. さて三相発電機の起電力に第$3n$調波起電力をふくむときに, これを△結線すれば, どうなるであろう. もし発電機電機子巻線が△結線であれば, 巻線内の閉回路に各相の第$3n$調波起電力の3倍の大きさの起電力が作用し, これによって電機子巻線内に循環電流が通じることになろう. そうして, 各相の第$3n$調波起電力は循環電流による電圧降下としてすべて消費されるので, 三相3端子間の端子電圧(すなわちこの場合の線間電圧)には現れないことは注意すべきである. このへんの事情については変圧器の三相結線についても同様である.

<small>Y結線</small>　つぎにY結線とするときは, 発電機(変圧器)内に閉回路を作らないから, このために循環電流を通じることはないことはすぐわかろう. しかして, Y結線の場合の端子電圧(線間電圧)は相隔たる二相の起電力の差であるから, 各相同相である第$3n$調波は互いに打ち消し合って, 三相3端子間には現れないこともすぐ理解されよう.

さて, 第$(3n+1)$調波および第$(3n-1)$調波は, 基本波と同様に対称三相式となるから, △結線にしても, これらの高調波は循環電流を生じることはない. した

がってこれらの高調波は必ず端子間に現れることになり，またY結線にする場合にもこれらの高調波は必ず端子間に現れるわけである．

11・3　変圧器の結線と第3調波

磁化電流　　変圧器の起電力が純正弦波であるとき，その磁化電流は，鉄心の飽和現象のためにひずみ波となることは，すでに1で概要を説明した．そうしてこの場合の波形を分析するとそのひずみ波にふくまれる高調波は第3調波が主なものであることが確かめられている*．逆に磁化電流に第3調波をふくむことができない回路条件においては誘導起電力の方に第3調波をふくむようになるものである．以上のことがらを基礎として三相回路での変圧器結線と第3調波の関連事項を調べてみよう．

三相回路での変圧器結線

△結線　　**1次側が△結線であるとき**　各変圧器の一次端子電圧は印加線間電圧に等しく，1次誘導起電力は端子電圧とほぼ等しいから，この場合には1次，2次誘導起電力はともに線間電圧とほぼ同一の波形となる．ところで三相回路では第3調波は各相同相であり，各線電位の差で規定される線間電圧には第3調波は差し引きされて，ふくまれない理であるから，1次側が△結線であるかぎり変圧器の1次，2次起電力には第3調波はふくまない．

この場合，必要な磁化電流の第3調波はどうなるかといえば，1次△結線の循環回路内を循環して通じ電圧降下として消費されるのである．いいかえれば，1次△結線では第3調波を通ずべき循環回路が存在するので，線間電圧には第3調波をふくまないのだといえるであろう．

Y結線　　**1次側がY結線であるとき**　各相同相なる第3調波電流が1次側のY結線の巻線に通ずることは，キルヒホッフ氏の第1法則（電流の連続性の法則）から絶対に不可能である．このような回路条件のもとでは，1次，2次の誘導起電力に第3調波をふくむことになるわけである．

2次側に△結線があるとき　この場合には，2次側の閉回路において，第3調波の循環電流を通ずることの可能な回路が完結されて，1次側が△結線される場合と，ほぼ同様の結果となるものである．

〔例3〕三相Y接続回路における相電圧の基本波実効値をE_1，第3調波実効値をE_3，第5調波実効値をE_5，線間電圧基本波実効値をV_1，第5調波実効値をV_5とするとき，線間電圧Vと相電圧Eとの比を求めよ．

〔解答〕V_1, V_5はそれぞれ $V_1 = \sqrt{3}\,E_1$, $V_5 = \sqrt{3}\,E_5$

$$\therefore V = \sqrt{V_1^2 + V_5^2} = \sqrt{3}\,\sqrt{E_1^2 + E_5^2}$$

また　　$E = \sqrt{E_1^2 + E_3^2 + E_5^2}$

---

* 一般的にいえば3, 5, 7, ……など奇数調波であるが，なかでも第3調波がもっとも大きい．以下，奇数調波の代表として第3調波と記すものと了解せられたい．

11·3 変圧器の結線と第3調波

$$\therefore \quad \frac{V}{E} = \sqrt{3}\, \frac{\sqrt{E_1^2 + E_5^2}}{\sqrt{E_1^2 + E_3^2 + E_5^2}}$$

すなわちひずみ波の場合には，線間電圧と相電圧の比は，正弦波のときのように単純に $\sqrt{3}$ とならない．

〔問7〕図11·2のように平衡三相4線式回路に4個の電流計を接続した場合，A_1，A_2，A_3 の読みはいずれも I〔A〕で，A_4 の読みは I_0〔A〕であるとすれば，各相の基本波および第3高調波の電流はいくらか．ただし，発電機の星形電圧は第3高調波をふくむが，第5以上の高調波はふくまないものとする．

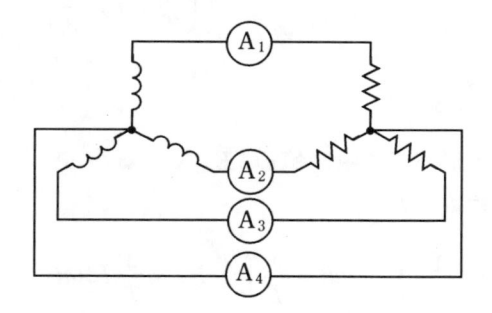

図 11·2

〔問8〕星形に結線した三相発電機各相の電圧は
$$E_{1m}\sin\omega t + E_{3m}\sin 3\omega t + E_{5m}\sin 5\omega t$$
なる形で表わすことのできるものとすれば，線間電圧の波形率を算出せよ．

〔問9〕基本周波数 f〔Hz〕の平衡三相電源（相回転の順序は a，b，c の順とす）の波形が奇数調波のみをふくむひずみ波形であるとき，そのうちの平衡三相第7調波起電力 $\dot{E}_a$，$\dot{E}_b$，$\dot{E}_c$ を打ち消すために図11·3のように抵抗 R，静電容量 C，自己インダクタンス L，相互インダクタンス M を，使用することとする．この場合，出力端子 a，b，c に第7調波電圧がまったく現れないためには，R，C，L，M の間にはどんな関係が必要であるか．ただし a，b および c の出力電流は零とし，電源の内部インピーダンスは無視するものとし，また M は図の方向を正方向とした場合の相互インダクタンスとする．

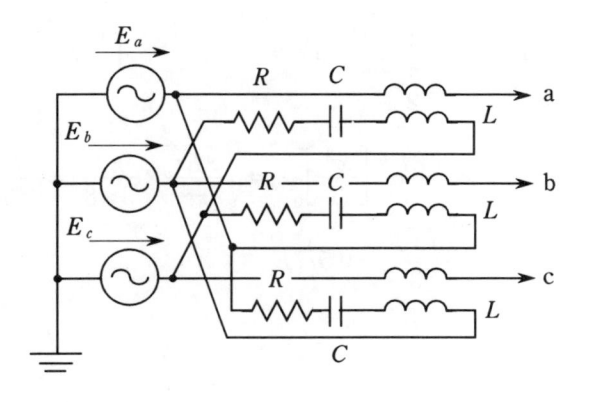

図 11·3

第10, 11章の問題の答

〔問1〕与えられた波形は対称波で各半波は中央軸に対して対称であるから $T/4$ について実効値,電力を計算してみよう.まず電流の瞬時値を i,実効値を I とすれば,

$$i = \frac{I_m}{T/4}t = \frac{4}{T}I_m t$$

$$I = \sqrt{\frac{4}{T/4}\int_0^{T/4} i^2 dt} = \sqrt{\frac{4}{T}\int_0^{T/4}\left(\frac{4}{T}I_m t\right)^2 dt}$$

$$= \sqrt{\left(\frac{4}{T}\right)^3 I_m^2 \left[\frac{t^3}{3}\right]_0^{T/4}} = \sqrt{\left(\frac{4}{T}\right)^3 I_m^2 \frac{1}{3}\left\{\left(\frac{T}{4}\right)^3 - 0\right\}}$$

$$= \frac{I_m}{\sqrt{3}}$$

電圧波は方形波で,瞬時値 e は E_m であるから,その実効値 E も,$E = E_m$ となる.

平均電力 つぎに平均電力 P は,

$$P = \frac{1}{T/4}\int_0^{T/4} ei\, dt = \frac{4}{T}\int_0^{T/4} E_m \times \frac{4}{T}I_m t\, dt$$

$$= \left(\frac{4}{T}\right)^2 E_m I_m \left[\frac{t^2}{2}\right]_0^{T/4} = \left(\frac{4}{T}\right)^2 E_m I_m \frac{1}{2}\left\{\left(\frac{T}{4}\right)^2 - 0\right\}$$

$$= \frac{1}{2}E_m I_m$$

力率 したがて力率は,

$$\text{力率} = \frac{\text{有効電力(平均電力)}}{\text{皮相電力}} = \frac{E_m I_m/2}{E_m I_m/\sqrt{3}}$$

$$= \frac{\sqrt{3}}{2} = 0.866$$

〔問2〕図15·1を参照して

$$\frac{E}{e} = \frac{\pi/2}{x} \quad \therefore \quad e = \frac{2E}{\pi}x$$

実効値 実効値 $E_{eff} = \sqrt{\frac{1}{\frac{\pi}{2}}\int_0^{\frac{\pi}{2}} e^2 dx} = \sqrt{\frac{2}{\pi} \times \frac{4E^2}{\pi^2}\int_0^{\pi/2} x^2 dx}$

$$= \sqrt{\frac{8E^2}{\pi^3}\left[\frac{x^3}{3}\right]_0^{\frac{\pi}{2}}} = \sqrt{\frac{8E^2}{\pi^3} \times \frac{\pi^3}{3 \times 8}} = \frac{E}{\sqrt{3}}$$

$$= \frac{\sqrt{3}E}{3} = 0.577E$$

平均値	平均値 $E_{av} = \dfrac{1}{\frac{\pi}{2}} \int_0^{\frac{\pi}{2}} e\,dx = \dfrac{2}{\pi} \times \dfrac{2E}{\pi} \int_0^{\frac{\pi}{2}} x\,dx$ $= \dfrac{4E}{\pi^2} \left[\dfrac{x^2}{2} \right]_0^{\frac{\pi}{2}} = \dfrac{4E}{\pi^2} \times \dfrac{\pi^2}{2 \times 4}$ $= \dfrac{E}{2} = 0.5E$
波形率	波形率 $= \dfrac{E_{eff}}{E_{av}} = \dfrac{E}{\sqrt{3}} \times \dfrac{2}{E} = \dfrac{2}{\sqrt{3}} = \dfrac{2\sqrt{3}}{3} = 2 \times 0.577 = 1.154$
波高率	波高率 $= \dfrac{E}{E_{eff}} = \dfrac{E}{E/\sqrt{3}} = \sqrt{3} = 1.732$

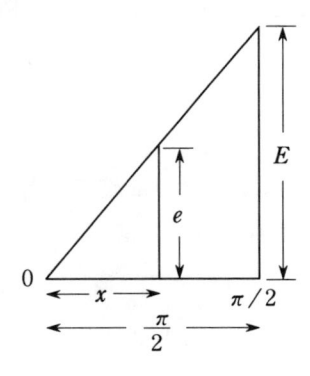

図 15·1

〔問3〕

(イ) 電圧計の振れ V_C, 電流計の振れを I_C とすれば負荷電力 P は

$$P = \dfrac{\pi}{2\sqrt{2}} V_C \times \dfrac{\pi}{2\sqrt{2}} I_C = \left(\dfrac{\pi}{2\sqrt{2}} \right)^2 V_C I_C \simeq 1.234 V_C I_C$$

(ロ) 電圧計,電流計の振れを $V_h I_h$ とすれば $P = V_h I_h$

〔問4〕波形率 k,実効値 I なる交流に対する指示は,A〔A〕なる正弦波の平均値 $A/1.11$ に相当する指示となり,

$$\dfrac{I}{k} = \dfrac{A}{1.11} \quad \therefore \quad A = \dfrac{1.11}{k} I$$

で計器の指示は真の実効値の (1.11/k) 倍となる.

〔問5〕

〔ヒント〕重ね合せの理を用いて計算する.

$$i = \dfrac{E_0}{R+r} + \dfrac{E_m}{Z} \sin(\omega t - \varphi)$$

$$Z = \left\{ R + \dfrac{1}{\omega C} \dfrac{\dfrac{r}{\omega C}}{\left(r^2 + \omega l - \dfrac{1}{\omega C} \right)^2} \right\}^2 + \left\{ \omega L - \dfrac{1}{\omega C} \dfrac{r^2 + (\omega l)^2 - \dfrac{l}{C}}{r^2 + \left(\omega l - \dfrac{1}{\omega C} \right)^2} \right\}$$

$$\tan\varphi = \cfrac{\omega L - \cfrac{1}{\omega C}\cfrac{r^2+(\omega l)^2-\cfrac{l}{C}}{r^2+\left(\omega l-\cfrac{1}{\omega C}\right)^2}}{R+\cfrac{1}{\omega C}\cfrac{r}{r^2+\left(\omega l-\cfrac{1}{\omega C}\right)^2}}$$

〔問6〕
〔ヒント〕電流 i は

$$i = 10\sqrt{2}\sin\omega t - 10$$

なる断続波になることに注意．したがって積分の上限，下限を知ることが解を得るポイントである．

〔問7〕
〔略解〕I_0 は第3高調波のみの電流で，各相の第3調波の実効値 I_3 は $I_0/3$ である．各相の基本波電流実効値が I_1 ならば，

$$I = \sqrt{I_1^2 + I_3^2} = \sqrt{I_1^2 + \left(\frac{I_0}{3}\right)^2}$$

$$\therefore\ I_1 = \sqrt{I^2 - \left(\frac{I_0}{3}\right)^2}$$

〔問8〕与えられた相電圧から線間電圧 v を求めると，

$$\begin{aligned}v &= E_{1m}\{\sin\omega t - \sin(\omega t - 120°)\} + E_{3m}\{\sin 3\omega t - \sin(3\omega t - 3\times 120°)\}\\ &\quad + E_{5m}\{\sin 5\omega t - \sin(5\omega t - 5\times 120°)\}\\ &= \sqrt{3}\{E_{1m}\sin(\omega t + 30°) + E_{5m}\sin(5\omega t - 30°)\}\end{aligned}$$

いま $\omega t + 30° = \theta$ とすれば，$5\theta = 5\omega t + 150°$ となるから，

$$\begin{aligned}v &= \sqrt{3}\{E_{1m}\sin\theta + E_{5m}\sin(5\theta - 180°)\}\\ &= \sqrt{3}\{E_{1m}\sin\theta - E_{5m}\sin 5\theta\}\end{aligned}$$

実効値 | 実効値 V は，

$$V = \frac{\sqrt{3}}{\sqrt{2}}\sqrt{E_{1m}^2 + E_{5m}^2}$$

平均値 | 平均値 V_{av} は，

$$\begin{aligned}V_{av} &= \frac{1}{\pi}\int_0^\pi \sqrt{3}(E_{1m}\sin\theta - E_{5m}\sin 5\theta)d\theta\\ &= \frac{2\sqrt{3}}{\pi}\left(E_{1m} - \frac{E_{5m}}{5}\right)\end{aligned}$$

波形率 | したがって波形率 k は，

$$k = \frac{V}{V_{av}} = \frac{\pi}{2\sqrt{2}} \cdot \frac{\sqrt{E_{1m}^2 + E_{5m}^2}}{\left(E_{1m} - \dfrac{E_{5m}}{5}\right)}$$

〔問9〕 a, b, c端子の第7調波対地電位をそれぞれ V_a, V_b, V_c とすれば

$$\left.\begin{aligned}V_a &= E_a - j\omega M \frac{E_b - E_c}{Z} \\ V_b &= E_b - j\omega M \frac{E_c - E_a}{Z} \\ V_c &= E_c - j\omega M \frac{E_a - E_b}{Z} \\ Z &= R + j\left(\omega L - \frac{1}{\omega C}\right), \quad \omega = 7 \times 2\pi f\end{aligned}\right\} \quad (1)$$

また第7調波の相回転の順序は基本波と一致する．したがって，第7調波を打ち消すための条件は $V_a = 0$ のみからで十分である．

図15・2を参照しながら，

$$V_a = E_a - j\omega M \frac{E_b - E_c}{Z} = 0 \quad (2)$$

$$I_{bc} = \frac{E_b - E_c}{Z} \quad (3)$$

$$E_b - E_c = -j\sqrt{3}\,E_a \quad (4)$$

$E_a = E$（基準）とすれば，

$$ZE - j\omega M E(-j\sqrt{3}\,E) = 0$$

$$\left.\begin{aligned}\therefore\ & Z - \sqrt{3}\,\omega M = 0 \\ & (R - \sqrt{3}\,\omega M) + j\left(\omega L - \frac{1}{\omega C}\right) = 0\end{aligned}\right\} \quad (5)$$

実数部，虚数部は0となるから，求める条件は

$$R = \sqrt{3} \times 7 \times 2\pi f M = 14\sqrt{3}\,\pi f M$$

$$(14\pi)^2 f^2 LC = 1$$

となる．

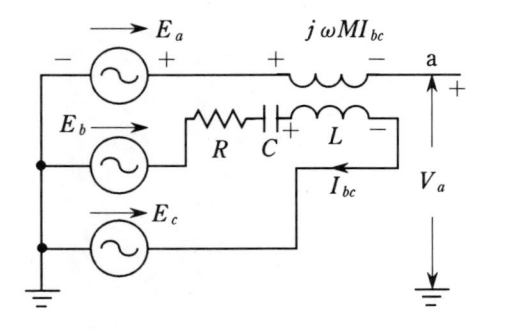

図 15・2

なおベクトル図は図15・3のようになる．そうして $I_{bc} = E_{bc}/R = -j\sqrt{3}\,E_a/R$ すなわち L および C が第7調波に対して直列共振すれば，M の調整によって $j\omega M I_{bc}$ と

E_a が同相同大となるから，第7調波を打ち消すことができるわけである．

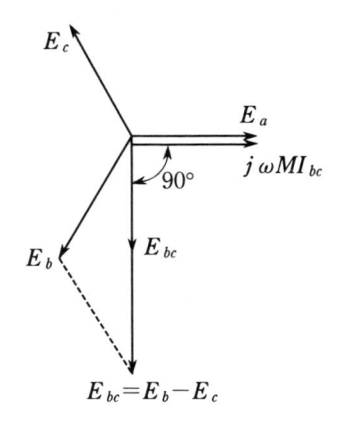

$$E_{bc} = E_b - E_c$$

図 15・3

12 調波分析とフーリエの係数

12·1 フーリエの係数

周期関数 $e(t)$ が与えられたとき，これを前出の (10·3) 式

$$e(t) = a_0 + a_1\cos\omega t + a_2\cos 2\omega t + \cdots\cdots$$
$$+ b_1\sin\omega t + b_2\sin 2\omega t + \cdots\cdots \quad (10\cdot 3)$$

調波分析 のように直流分，基本波および高調波つまり各調波成分に分析することを**調波分析** (harmonic analysis) または (Fourier analysis) というが，ここに，その方法すなわ **フーリエの係数** ちフーリエの係数 a_n, b_n の求め方について示そう．

(1) a_0 の求め方

a_0 は直流分であるから，この性質を利用して求める．(10·3) 式の両辺を t について積分し，1周期の間の平均値をとればよい．すると sine, cosine の項はすべて 0 となるからつぎのようになる．

$$\frac{1}{T}\int_0^T e(t)dt = \frac{1}{T}\int_0^T a_0 dt = a_0$$

∴ $a_0 = 1$ 周期間の $e(t)$ の平均値

(2) a_n, b_n の求め方

まず a_1 を求めよう．このためには a_1 だけ残って，ほかの項がすべて 0 になるようにすればよいから，(10·3) 式の各項に $\cos\omega t$ を乗じてから 1 周期の間の積分をとり，その平均値をとればよい．こうすると $\cos^2\omega t$ の 1 周期における平均値は 1/2 であるが — (10·6) 式参照 — ，その他の $\cos n\omega t \times \cos\omega t$, $\sin\omega t \times \cos\omega t$, $\sin n\omega t \times \cos\omega t$ の項はいずれも 0 となるから，

$$\frac{1}{T}\int_0^T e(t)\cos\omega t dt = \frac{a_1}{T}\int_0^T \cos^2\omega t dt = \frac{1}{2}a_1$$

として a_1 が求められる．同様にして一般に a_n は，

$a_n = 1$ 周期間の $e(t)\cos n\omega t$ の平均値の 2 倍

で与えられ，また b_n も同様にして，つぎのように求められる．

$b_n = 1$ 周期間の $e(t)\sin n\omega t$ の平均値の 2 倍

よって前記の結果を数式で表すと，

$$a_0 = \frac{1}{T}\int_0^T e(t)dt \quad (12\cdot 1)$$

$$a_n = \frac{2}{T}\int_0^T e(t)\cos n\omega t \cdot dt, \quad (n=1, 2, \cdots\cdots) \quad (12\cdot 2)$$

12 調波分析とフーリエの係数

$$b_n = \frac{2}{T}\int_0^T e(t)\sin n\omega t \cdot dt, \quad (n=1, 2, \cdots\cdots) \tag{12・3}$$

また $\quad C_n = \sqrt{a_n^2 + b_n^2}, \quad \tan\varphi_n = \dfrac{b_n}{a_n} \tag{10・5}$

である．(12・1)～(12・3)式は積分の上限・下限を0，Tにとってあるが，これは$-T/2$，$T/2$のようにしてもよい．また直流分を(10・2)式のようにa_0に代わり$C_0/2$と示すこともあるが，こうすると，(12・1)式は不要になり(12・2)式で$n=0, 1, 2,$ ……として統一することができる．

なお(12・1)～(12・3)式は変数を角度に変えて表わしてもよく，このような表わし方の方が便利な場合もある．

いま $\omega t = \theta$ とすれば(12・1)～(12・3)式はつぎのようになる．

$$a_0 = \frac{1}{2\pi}\int_0^{2\pi} e(\theta)d\theta \tag{12・1}'$$

$$a_n = \frac{1}{\pi}\int_0^{2\pi} e(\theta)\cos n\theta\, d\theta \tag{12・2}'$$

$$b_n = \frac{1}{\pi}\int_0^{2\pi} e(\theta)\sin n\theta\, d\theta \tag{12・3}'$$

フーリエ級数

注：フーリエ級数を複素数の指数関数表示を用いて表すと(12・2)式，(12・3)式で$a_n \pm jb_n$を作ると，

$$a_n \pm jb_n = \frac{2}{T}\int_0^T e(t)(\cos n\omega t \pm j\sin n\omega t)dt$$

$$\because \cos n\omega t \pm j\sin n\omega t = \varepsilon^{\pm jn\omega t}$$

$$\therefore a_n \pm jb_n = \frac{2}{T}\int_{-T/2}^{T/2} e(t)\varepsilon^{\pm jn\omega t}dt$$

ところで$e(t)$を

$$e(t) = a_0 + \sum_{n=1}^{n\to\infty} C_n \cos(n\omega t + \varphi_n)$$

で表わすとき，cos 関数を指数関数で表せば，第n項の高調波は，

$$C_n\cos(n\omega t + \varphi_n) = a_n\cos n\omega t + b_n\sin n\omega t$$

$$= \frac{1}{2}(a_n - jb_n)\varepsilon^{jn\omega t} + \frac{1}{2}(a_n + jb_n)\varepsilon^{-jn\omega t}$$

$$\therefore \frac{1}{2}(a_n - jb_n) = \gamma_n$$

$$\frac{1}{2}(a_n + jb_n) = \gamma_{-n}$$

$$a_0 = \gamma_0$$

と書くことにすれば，

$$e(t) = \gamma_0 + \sum_{n=1}^{n\to\infty}\gamma_n \varepsilon^{jn\omega t} + \sum_{n=1}^{n\to\infty}\gamma_{-n}\varepsilon^{-jn\omega t}$$

これは
$$e(t)=\sum_{-\infty}^{\infty}\gamma_n\varepsilon^{jn\omega t}$$
と書くとき，その係数は，
$$\gamma_n=\frac{1}{T}\int_{-T/2}^{T/2}e(t)\varepsilon^{-jn\omega t}dt$$
であることを示すものである．

12·2 フーリエの係数を求める実際的方法

フーリエの係数　さて周期関数 $e(t)$ を与えてフーリエの係数の求め方であるが，積分を行うにあたっては，2, 3の要領を心得ておくとよい．すなわち
　(1) 原点を便利なところに選ぶこと
　(2) 波形の対称性を利用すること
　(3) 微分・積分の関係を利用すること
などであるが，つぎにこれについて調べてみることにしよう．

　(1) 原点の選び方

原点　原点の選び方は a_n, b_n を求めるため，積分するのにつごうのよいようにするわけである．

横軸　(イ) 横軸の選び方；横軸をどこにとるか，つまり，縦軸 $e(t)$ の0点をどこにとればよいかを考えよう．まず直流分 a_0 を0にすることが容易にできる場合には，そのように選ぶべきである．たとえば図12·1のような波形では横軸に θ 軸をとればよく，θ' 軸では不便なことは明らかであろう．もし問題が横軸が θ' 軸になっていれば，θ 軸で積分を行って，答を出してから，a' を差し引けばよいわけである．

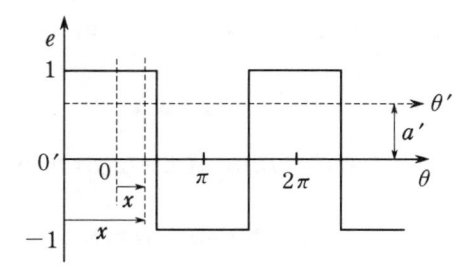

図 12·1

縦軸　(ロ) 縦軸の選び方；縦軸つまり $t=0$ の点は①対称の中心，②波形のきりのよい点にとればよい．その要領は13の例題で示そう．

対称性　**(2) 対称性の利用**
偶関数　一般に周期関数 $e(t)$ は (10·2) 式のように偶関数 $C(t)$ と奇関数 $S(t)$* とから成り
奇関数　立っているが，このように分解できることを図12·2について考えよう．まず図(a)は周期 T をもつ任意の関数 $e(t)$ を示すものとして，つぎの図(b)のような $e(-t)$ を考えると，

---
　*　偶関数；$C(t)=C(-t)$　　奇関数；$S(t)=-S(-t)$

12 調波分析とフーリエの係数

$$e(t) = \frac{1}{2}\underbrace{\{e(t)+e(-t)\}}_{\text{偶関数 }C(t)} + \frac{1}{2}\underbrace{\{e(t)-e(-t)\}}_{\text{奇関数 }S(t)} \quad (12\cdot 4)$$

となって偶関数と奇関数との和になる．これらを図示すれば，図(c)，図(d)に示すように

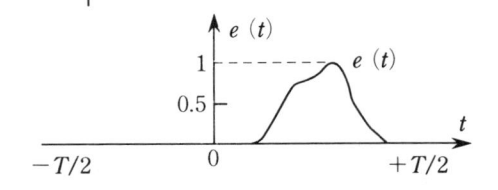

(a) 周期 T をもつ任意周期波 $e(t)$

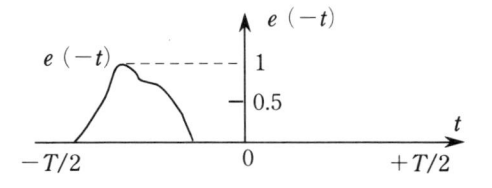

(b) $e(-t)$ 関数

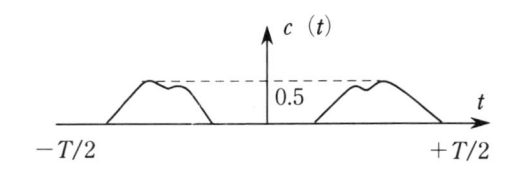

(c) $e(t)$ の偶または C 成分

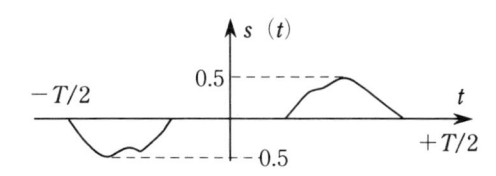

(d) $e(t)$ の奇または S 成分

図 12・2

図(a) = 図(c) + 図(d)

また $e(t)$ を前出の $(10\cdot 3)$ 式のように表わすと，

$$\begin{aligned}\therefore\ e\left(t+\frac{T}{2}\right) &= a_0 + a_1\cos\omega\left(t+\frac{T}{2}\right) + a_2\cos 2\omega\left(t+\frac{T}{2}\right) + \cdots\cdots \\ &\quad + b_1\sin\omega\left(t+\frac{T}{2}\right) + b_2\sin 2\omega\left(t+\frac{T}{2}\right) + \cdots\cdots \\ &= \left.\begin{aligned}&a_0 - a_1\cos\omega t + a_2\cos 2\omega t - \cdots\cdots + \cdots\cdots \\ &- b_1\sin\omega t + b_2\sin 2\omega t - \cdots\cdots + \cdots\cdots\end{aligned}\right\}\end{aligned} \quad (12\cdot 5)$$

したがって，

$$e(t) = \underbrace{\frac{e(t)+e(t+T/2)}{2}}_{\text{偶数高調波 }H(t)} + \underbrace{\frac{e(t)-e(t+T/2)}{2}}_{\text{奇数高調波 }G(t)} \quad (12\cdot 6)$$

に分解される．なぜならば $(12\cdot 3)$ 式と $(12\cdot 5)$ 式から

$$\frac{e(t)+e(t+T/2)}{2} = a_0 + a_2\cos 2\omega t + a_4\cos 4\omega t \cdots\cdots + b_2\sin 2\omega t + b_4\sin 4\omega t + \cdots \equiv H(t)$$

$$\frac{e(t)-e(t+T/2)}{2} = a_1\cos\omega t + a_3\cos 3\omega t + \cdots\cdots + b_1\sin\omega t + b_3\sin 3\omega t + \cdots \equiv G(t)$$

となるからである．

対称性　　さて周期関数 $e(t)$ に対称性があると，その関数は前記の $C(t)$，$S(t)$，$H(t)$，$G(t)$ のようにフーリエ係数の一部がはじめから0になることがわかっていたり，積分を1周期全体にわたってとらなくても，その $1/n$ でよいことがわかるので，計算が容易になるものである．代表的な例は次の場合である．

12·2 フーリエの係数を求める実際的方法

均衡波

(1) 均衡波

図12·3のように直流分a_0が0の場合で，交流回路では一般にこれが成り立つ．

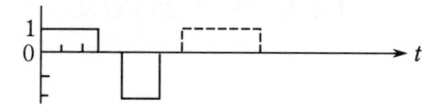

図 12·3　均衡波

軸対称波

(2) 軸対称波

図12·4に示すように$e(t)=e(-t)$なる関係をもつ波で，このような波は(12·4)式から偶関数$C(t)$であるから，係数b_nはすべて0となる．また図形から容易にわかるように$\int_T^{T/2}=\int_{T/2}^0$であるから

$$\int_0^T = \int_0^{T/2} + \int_{T/2}^T = 2\int_T^{T/2}$$

で，積分の計算は半周期でよいことがわかろう．

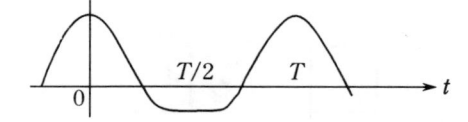

図 12·4　軸対称波 $e(t)=e(-t)$

点対称波

(3) 点対称波

図12·5のように$e(t)=-e(-t)$で表される波であるから(12·4)式からわかるように奇関数$S(t)$で，係数a_nはすべて0となる．また図から容易にわかるように，この場合の積分も半周期のみでよく，また均衡波であって，$a_0=0$となる．

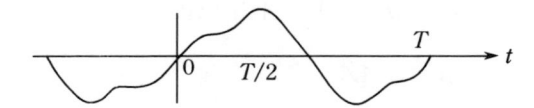

図 12·5　点対称波 $e(t)=-e(-t)$

半周期波

(4) 半周期波

図12·6のように$e(t)=e(t+T/2)$という関係の波である．この波は(12·6)式からわかるように偶関数の高調波のみであるから，奇数次の項は計算する必要がなく，また図からわかるように積分は半周期のみの計算でよいわけである．

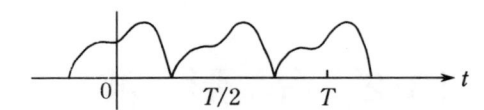

図 12·6　半周期波 $e(t)=e(t+T/2)$

逆半周期波

(5) 逆半周期波（対称波）

図12·7のように$e(t)=-e(t+T/2)$で表わされる波で，この場合は(12·6)式からわかるように，奇数次の高調波のみからなり，また図からわかるように，積分は半周期のみでよく，均衡波である．

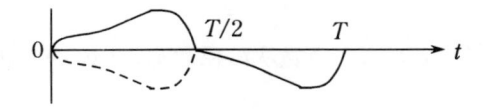

図 12·7　対称波 $e(t)=-e(t+T/2)$

13 特別な波形の調波分析の例

13·1 方 形 波

理想的方形波

図13·1のように理想的方形波として扱ってみよう．この場合には，点対称波で
$$i(t) = A = -i(-t)$$
であり，かつ均衡波であるから，
$$a_0 = 0, \quad a_n = 0$$

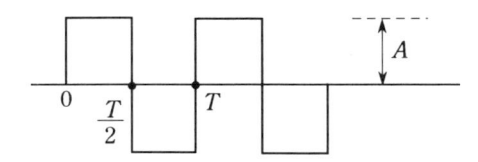

図 13·1

また正負半波が中央軸に対して対称であるから0から$\pi/2$まで積分し，その期間の平均値の2倍をとればよいから，$\omega t = \theta$として

$$b_n = \frac{2}{T}\int_0^{T/4} i(t)\sin n\omega t \cdot dt = \frac{4}{\pi}\int_0^{\pi/2} A\sin n\theta d\theta$$
$$= \frac{4}{\pi}\cdot\frac{A}{n}\Big[-\cos n\theta\Big]_0^{\pi/2} = \frac{4A}{\pi}\cdot\frac{1}{n}$$

$$\therefore \quad i(t) = \frac{4A}{\pi}\left(\sin\omega t + \frac{1}{3}\sin 3\omega t + \frac{1}{5}\sin 5\omega t + \cdots\cdots\right)$$
$$= \frac{4A}{\pi}\sum_{m=0}^{\infty}\frac{\sin(2m+1)\omega t}{2m+1} \qquad (13\cdot1)*$$

13·2 台 形 波

理想的な台形波

やはり図13·2のように理想的な台形波として計算してみよう．この波では
点対称であるから $i(t) = -i(-t)$ $\therefore$ $a_0 = 0, a_n = 0$
逆半周期波であるから $i(t) = -i\left(t + \dfrac{T}{2}\right)$ $\therefore$ $b_{2m} = 0$

で偶数次の高調波はふくまないから，奇数次の係数b_{2m+1}のみを計算すればよい．

---

* $(2m+1)$はnに相当するもので，$m = 0, 1, 2, \cdots\cdots$ $(2m+1)$で奇数を表わす．

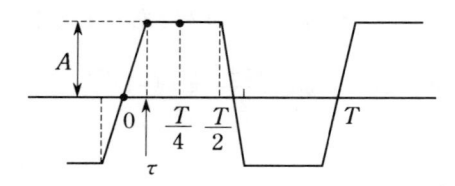

図 13·2

$$b_{2m+1} = \frac{8}{T}\int_0^{T/4} i(t)\sin(2m+1)\omega t \cdot dt$$

$0 \leq t \leq \tau$ では, $i(t) = \dfrac{A}{\tau}t$

$\tau \leq t \leq T/4$ では, $i(t) = A$

$$\therefore \ b_{2m+1} = \frac{2\times 4}{T}\left\{\int_0^\tau \frac{A}{\tau}t\cdot\sin(2m+1)\omega t\cdot dt + \int_\tau^{T/4} A\sin(2m+1)\omega t\cdot dt\right\}$$

ところで

$$\int_0^\tau \frac{t}{\tau}\sin(2m+1)\omega t\cdot dt = \frac{\sin(2m+1)\omega\tau}{\tau(2m+1)^2\omega^2} - \frac{\cos(2m+1)\omega\tau}{(2m+1)\omega}$$

$$\int_\tau^{T/4} \sin(2m+1)\omega t\cdot dt = \frac{\cos(2m+1)\omega\tau}{(2m+1)\omega}$$

$$\therefore \ b_{2m+1} = \frac{4A\sin(2m+1)\omega\tau}{\tau(2m+1)^2\omega^2}$$

$$\therefore \ i(t) = \frac{4A}{\pi\omega\tau}\left\{\left(\frac{\sin\omega\tau}{1^2}\sin\omega t + \frac{\sin 3\omega\tau}{3^2}\cdot\sin 3\omega t + \frac{\sin 5\omega\tau}{5^2}\cdot\sin 5\omega t + \cdots\right)\right\} \tag{13·2}$$

となる．なおここで $\tau\to 0$ とすれば $\dfrac{\sin(2m+1)\omega\tau}{(2m+1)^2\omega^2}\to 0$ であるから, つぎのように前出の方形波の展開式となる.

$$i(t) = \frac{4A}{\pi}\left(\sin\omega t + \frac{1}{3}\sin 3\omega t + \cdots\right) \tag{13·1}$$

13·3 対称二等辺三角波

三角波　　つぎに台形波において (13·2) 式の τ を $\tau = T/4$ とおけば図 13·3 のような三角波の場合となる．

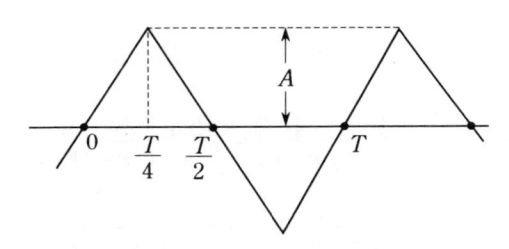

図 13·3

ところで，$\omega\tau = 2\pi f\,(T/4) = \pi/2$ であることを考慮すると，

$$\sin(2m+1)\omega\tau = \sin\frac{2m+1}{2}\pi = (-1)^m$$

であるから

$$i(t) = \frac{8A}{\pi^2}\left(\sin\omega t - \frac{1}{3^2}\sin 3\omega t + \frac{1}{5^2}\sin 5\omega t - \cdots\right) \tag{13・3}$$

が得られる．

13・4　単相半波整流波

図 13・4 (a) のように（理想）整流器 S 1 個を用いて，純抵抗 R に電流を通じる場合で，整流電流 $i(t)$ は (b) 図のような波形となる．この場合には，

（整流電流）

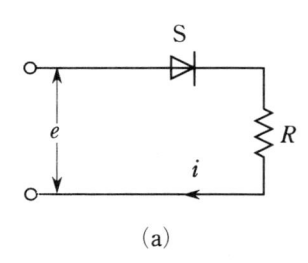

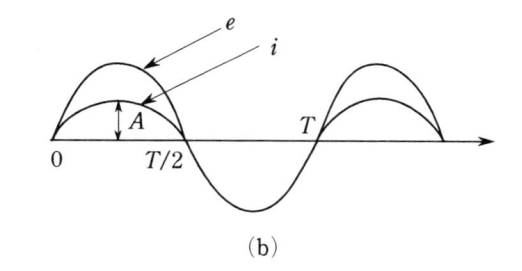

図 13・4

$0 \leq t \leq \dfrac{T}{2}$ では　$i(t) = A\sin\omega t = A\sin\theta$

$\dfrac{T}{2} \leq t \leq T$ では　$i(t) = 0$

であるから，これを (12・1)′〜(12・3)′ 式に入れて計算すればよい．

$$a_0 = \frac{1}{T}\int_0^T i(t)dt = \frac{1}{T}\int_0^{T/2} A\sin\omega t\,dt = \frac{A}{\pi}$$

$$a_n = \frac{1}{\pi}\int_0^\pi i(t)\cos n\theta\,d\theta = \frac{1}{\pi}\int_0^\pi A\sin\theta\cdot\cos n\theta\cdot d\theta$$

$$= \frac{1}{\pi}\int_0^\pi \frac{A}{2}\{\sin(n+1)\theta - \sin(n-1)\theta\}d\theta$$

$$= \frac{A}{2\pi}\left\{\frac{1-(-1)^{n+1}}{n+1} - \frac{1-(-1)^{n-1}}{n-1}\right\}$$

n が奇数ならば*　$a_{2m-1} = 0$
n が偶数ならば*

$$a_{2m} = \frac{A}{\pi}\left(\frac{1}{n+1} - \frac{1}{n-1}\right) = -\frac{2A}{\pi}\left\{\frac{1}{(n+1)(n-1)}\right\}$$

---

*　$(2m-1)$, $2m$ は n と同じであるが，奇数，偶数によって区別したもの．

$$b_n = \frac{1}{\pi}\int_0^{2\pi} i(t)\sin n\theta d\theta$$
$$= \frac{1}{\pi}\int_0^{\pi} A\sin\theta \cdot \sin n\theta d\theta = \begin{cases} \dfrac{A}{2} & (n=1) \\ 0 & (n\neq 1) \end{cases}$$

すなわち $n=1$ のとき値をもち $b_1 = A/2$

$n \neq 1$ のときはすべて 0 である．

$$\therefore \quad i(t) = \frac{A}{2}\sin\omega t + \frac{A}{\pi}\left(1 - \frac{2}{1\times 3}\cos 2\omega t - \frac{2}{3\times 5}\cos 4\omega t - \cdots\right) \tag{13・4}$$

13・5　単相全波整流波

整流波形　次に図 13・5 (a) のように（理想）整流器 2 個を用いて整流したときの整流波形は

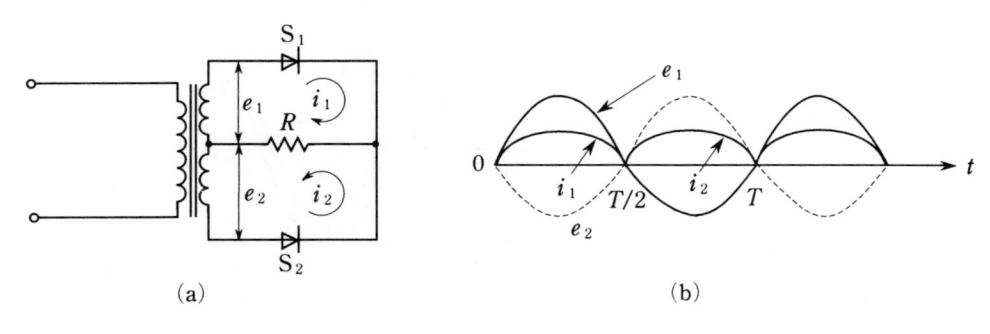

図 13・5

(b) 図のようであるから，

$0 \leq t \leq T/2$ では　$i(t) = A\sin\omega t = A\sin\theta$

$T/2 \leq t \leq T$ では　$i(t) = -A\sin\omega t = -A\sin\theta$

したがって，図から容易にわかるように，軸対称波でかつ半周期波であるから

$b_n = 0,\ a_n = 0$（n 奇数）

また　$a_0 = \dfrac{1}{2\pi}\int_0^{2\pi} i(t)d\theta = \dfrac{1}{\pi}\int_0^{\pi} A\sin\theta d\theta = \dfrac{2A}{\pi}$

$$a_n = \frac{1}{\pi}\int_0^{2\pi} i(t)\cos n\theta d\theta = \frac{1}{\pi}\left(\int_0^{\pi} A\sin\theta\cos n\theta d\theta - \int_0^{2\pi} A\sin\theta\cos n\theta d\theta\right)$$
$$= \frac{1}{\pi}\left\{\int_0^{2\pi} A\sin\theta\cos n\theta d\theta - \int_0^{\pi} A\sin(\theta+\pi)\cos(n\theta+n\pi)d\theta\right\}$$

したがって n が偶数のときは，

$$\therefore \quad a_{2m} = \frac{2A}{\pi}\int_0^{\pi}\sin\theta\cos n\theta d\theta = -\frac{4A}{\pi}\cdot\frac{1}{(n+1)(n-1)}$$

$$i(t) = \frac{4A}{\pi}\left(\frac{1}{2} - \frac{\cos 2\omega t}{1\times 3} - \frac{\cos 4\omega t}{3\times 5} - \frac{\cos 6\omega t}{5\times 7}\cdots\right) \tag{13・5}$$

(13・4) 式と (13・5) 式とを比較してみると，整流波形の高調波は単相半波のときに存在した $\sin\omega t$ の項が，単相全波のときには存在しないことがわかる．

14 実測波形からの調波分析

高調波分析　　本章では工学で実際に生ずるひずみ波について高調波分析を行う方法の例について述べよう．

高調波の含有率　　われわれが電圧や電流の波形を記録するにはオシログラフなど用いるが，これより高調波の含有率などを求めたいことが生ずる．このような場合には与えられた波形の1サイクルの間を図14・1のようにm個に等分し，これらの区分点における平均の振れの値のよみを測り，e_1, e_2, e_3……として（12・1）′〜（12・3）′式の積分の代わりに，近似的につぎのような代数和を作って，フーリエの係数を求めればよい．

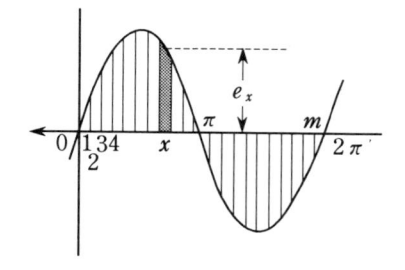

図14・1

$$a_0 = \frac{1}{2\pi}\int_0^{2\pi} e(t)d\theta \simeq \frac{1}{2\pi}\sum_{x=1}^{x=m}\left(e_x \frac{2\pi}{m}\right) = \frac{1}{m}\sum_{x=1}^{x=m} e_x \tag{14・1}$$

$$a_n = \frac{1}{\pi}\int_0^{2\pi} e(t)\sin n\theta\, d\theta \simeq \frac{1}{\pi}\sum_{x=1}^{x=m}\left\{e_x \sin\left(n\frac{2\pi x}{m}\right)\frac{2\pi}{m}\right\}$$
$$= \frac{2}{m}\sum_{x=1}^{x=m}\left\{e_x \sin\left(n\frac{2\pi x}{m}\right)\right\} \tag{14・2}$$

$$b_n = \frac{1}{\pi}\int_0^{2\pi} e(t)\cos n\theta\, d\theta \simeq \frac{1}{\pi}\sum_{x=1}^{x=m}\left\{e_x \cos\left(n\frac{2\pi x}{m}\right)\frac{2\pi}{m}\right\}$$
$$= \frac{2}{m}\sum_{x=1}^{x=m}\left\{e_x \cos\left(n\frac{2\pi x}{m}\right)\right\} \tag{14・3}$$

これらによって，任意の第n調波に対する振幅を決定することができるが，mを大きく選ぶことによって，精密な結果が得られることはもちろんである．

ところで，これらの計算を実行するにあたっては，研究者によって，いろいろな方法が提案されており，また便利なe_1, e_2, e_3……などとa_n, b_nなどの関係をまとめた計算表が用意されているので，これらによればよいわけである．本書ではこれ以上深入りせず．実際上の手法はこれら専門書によることを希望する．

索引

英字

- △結線 47, 48
- Y結線 47, 48

ア行

- インピーダンス回路 10
- 位相角 6
- 位相差（相差角） 46
- 異周波数の正弦波間の電力 20
- 移相率 22, 23

カ行

- 可動コイル形計器 29
- 回路の消費電力 11
- 回路定数 1
- 基本波 6, 37
- 奇関数 57
- 奇数調波 6
- 規約効率 27
- 逆耐電圧 25
- 逆電圧 25
- 逆半周期波 59
- 逆方向 25
- 均衡波 59
- 偶関数 57
- 偶数調波 6
- 原点 57
- 高次高調波 37
- 高調波 6
- 高調波の大きさ 37
- 高調波の含有率 64
- 高調波電流 12, 20
- 高調波分析 64
- 合成ひずみ波 8

サ行

- 三角波 61

- 三相回路での変圧器結線 48
- 磁化電流 48
- 軸対称波 59
- 実効値 13, 50, 52
- 周期的なひずみ波 36
- 瞬時値 5
- 瞬時電力 16, 18, 28
- 瞬時電力の平均値 39
- 瞬時電力波形 6
- 順方向 25
- 整流電流 62
- 整流波形 6, 63
- 全波整流 1

タ行

- 対称ひずみ波 8, 9
- 対称性 57, 58
- 対称波 8
- 台形波 38
- 第$3n$調波 47
- 第n調波 6
- 縦軸 57
- 単相半波整流回路 25
- 遅延回路 47
- 調波分析 55
- 直流出力電圧平均値 26
- 直流電圧実効値 26
- 鉄心の磁化曲線 2
- 点対称波 59
- 電流力計形計器 33
- 電力 16
- 等価位相差 24
- 等価正弦波 24

ナ行

- 二等辺三角波 43

ハ行

波形の合成	4
波形率	41, 42, 51, 52
波高率	41, 42, 51
半周期波	59
半波の電力	28
半波実効値	26
半波整流回路	25
半波直流電流平均値	25
ひずみ波	5, 13, 37
ひずみ波の実効値	15, 38
ひずみ波の電力	13, 18
ひずみ波交流回路の力率	22
ひずみ波三相交流	47
ひずみ波電流	11
ひずみ率	44
フーリエの係数	55, 57
フーリエ級数	36, 56
皮相電力	20, 21
非対称ひずみ波	8, 9
非対称波	8
平均値	51, 52
平均電力	40, 50
平流	1
変圧器磁化電流	2

マ行

無効電力	20
脈動電流	43
脈動率	44

ヤ行

有効電力	19
横軸	57

ラ行

理想的台形波	60
理想的方形波	60
力率	22, 50
力率計	23

d－book
ひずみ波と調波分析

2000年8月20日　第1版第1刷発行

著　者	森澤一榮
発行者	田中久米四郎
発行所	株式会社電気書院
	東京都渋谷区富ケ谷二丁目2-17
	（〒151-0063）
	電話03-3481-5101（代表）
	FAX03-3481-5414
制　作	久美株式会社
	京都市中京区新町通り錦小路上ル
	（〒604-8214）
	電話075-251-7121（代表）
	FAX075-251-7133

印刷所　創栄印刷株式会社

ⓒ2000kazueMorisawa　　　　　　　　　　Printed in Japan

ISBN4-485-42905-9　　　　［乱丁・落丁本はお取り替えいたします］

〈日本複写権センター非委託出版物〉

本書の無断複写は，著作権法上での例外を除き，禁じられています．
本書は，日本複写権センターへ複写権の委託をしておりません．
本書を複写される場合は，すでに日本複写権センターと包括契約をされている方も，電気書院京都支社（075-221-7881）複写係へご連絡いただき，当社の許諾を得て下さい．